Verfahren & Werkstoffe für die Energietechnik

VERFAHREN & WERKSTOFFE
FÜR DIE ENERGIETECHNIK

BAND 3

Biomasse, Biogas, Biotreibstoffe...
Fragen und Antworten

herausgegeben von

Martin Faulstich und Stephan Prechtl

Förster Verlag

Bibliographische Information Der Deutschen Bibliothek

Die Deutsche Bibliothek verzeichnet diese Publikation in der Deutschen Nationalbibliographie; detaillierte bibliographische Daten sind im Internet über http://dnb.ddb.de abrufbar.

Band 3 – Biomasse, Biogas, Biotreibstoffe... Fragen und Antworten
Martin Faulstich, Stephan Prechtl [Hrsg.]

Reihe Verfahren & Werkstoffe für die Energietechnik

Sulzbach-Rosenberg: Förster Druck und Service GmbH & Co. KG, 2007

ISBN 978-3-9810391-2-2

Copyright:	ATZ Entwicklungszentrum
	Alle Rechte vorbehalten
Verlag:	Förster Druck und Service GmbH & Co. KG, Sulzbach-Rosenberg
Redaktion:	Andrea Farmer, Eva Hamatschek, Kathrin Müller
	ATZ Entwicklungszentrum, Sulzbach-Rosenberg
Einbandgestaltung:	Pro Publishing Werbeagentur GmbH, München
Druck:	Förster Druck und Service GmbH & Co. KG, Sulzbach-Rosenberg

Rechte, insbesondere die der Übersetzung in fremde Sprachen, vorbehalten. Kein Titel dieses Buches darf ohne die Genehmigung des Verlages in irgendeiner Form – durch Fotokopie, Mikrofilm oder irgendein anderes Verfahren – reproduziert oder in eine von Maschinen, insbesondere Datenverarbeitungsmaschinen, verwendbare Sprache übertragen oder übersetzt werden.

Warenzeichen: Wenn Namen, die in der Bundesrepublik Deutschland als Warenzeichen eingetragen sind, in diesem Buch ohne besondere Kennzeichnung wiedergegeben werden, so berechtigt die fehlende Kennzeichnung nicht zu der Annahme, dass der Name nicht geschützt ist und von jedermann verwendet werden darf.

Inhaltsverzeichnis

Vorwort 7

Einführung

Wo geht es mit der Bioenergie hin?
Stephan Prechtl 11

Welche rechtlichen Neuigkeiten gibt es im Bereich Biogas und Biomasse?
Michael Rössert 41

Wie wird sich der europäische Anlagenmarkt entwickeln?
Anton Mederle 47

Fläche und Nutzung

Rohstoffverfügbarkeit für die Produktion von Biokraftstoffen in Deutschland und in der EU 25?
Jürgen Zeddies, Dietrich Klein 51

Heimische Pflanzenarten und deren Eignung als Energie- und Rohstoffpflanzen
Helmar Prestele 57

Was kann die Biomasse in Deutschland leisten?
Martin Faulstich, Kathrin Greiff 69

Inhaltsverzeichnis

Biobrennstoffe

Wann ist die Verbrennung von Gärresten sinnvoll?
Dieter Korz 95

Versuch einer Antwort auf die Frage: „Was brennt besser, Getreide oder Stroh?"
Fritz Grimm 101

Wie sieht die Biomassenutzung in Hochtemperaturprozessen aus?
Helmut Seifert, Thomas Kolb, Andreas Hornung 119

Biogas

Wie lässt sich Biomasse am besten klein kriegen?
Udo Dinglreiter 139

Welche Chancen bieten Contracting-Modelle im Biogassektor?
Wilhelm Hiller, Diana Baumgärtner 155

Wie lässt sich im Kompostwerk Biogas erzeugen?
Ottomar Rühl, Rainer Scholz 165

Biotreibstoffe

Wie entscheidet ein Investor von Biotreibstoff-Projekten?
Klaus Hildebrand 177

Wie schnell kann ich mit Autogas, Biogas oder Erdgas Auto fahren?
Peter Biedenkopf 187

Die Nutzung von Pflanzenöl in Diesel-Motoren
Markus Brautsch 197

Welche Ziele verfolgt die bayerische Energiepolitik?
Gerd von Laffert 211

Autoren 217

Vorwort

Deutschland hat in seinem nationalen Klimaschutzprogramm eine Reduktion der Treibhausgasemissionen von 40 % für den Zeitraum von 1990 bis 2020 zugesagt. Welche Rolle hierbei Biobrennstoffe, Biogas und Biotreibstoffe spielen könnten, ist eingehend auf unserer dritten Fachtagung „Verfahren & Werkstoffe für die Energietechnik" in Sulzbach-Rosenberg erörtert worden. Der vorliegende Band unserer gleichnamigen Schriftenreihe gibt Ihnen diese Informationen nun auch schwarz auf weiß an die Hand.

In Band 1 wurde das Thema „Energie aus Biomasse und Abfall" zunächst generell betrachtet, in Band 2 hingegen wurde der Schwerpunkt auf „Korrosion in Anlagen zur regenerativen Energieerzeugung" gelegt. In dem neuen Band wurde der Fokus auf aktuelle Fragestellungen zur Erzeugung regenerativer Energie aus Biomasse und Rohstoffen, bei möglichst optimierter Flächennutzung und innovativer Technik gerichtet. Fachleute aus Wissenschaft und Praxis berichten interdisziplinär über zukunftsweisende Konzepte und ihre Erfahrungen als Investoren und Betreiber von einschlägigen Biomasseprojekten. Thermische und biologische Prozesse, die effiziente Nutzung der erzeugten Energie sowie die Vermeidung von Korrosion sind die Themen unseres Hauses und damit auch wieder die Themen unserer Fachtagung.

Der Markt für Bioenergie ist in den letzten Jahren in nahezu unglaublichem Tempo gewachsen. Da ist es gewiss erforderlich, auf die zahlreichen Fragen rund um die Biomassenutzung kompetente Antworten zu erhalten. Antworten beispielsweise auf Fragen zu den möglichen Potenzialen, den rechtlichen Rahmenbedingungen und der europäischen Entwicklung im Anlagenmarkt. Es liegt in der Natur der Sache, dass die Anbaufläche begrenzt ist und nicht zugleich mehrfach für unterschiedliche Bioenergieträger genutzt werden kann.

Verschiedene Beispiele aus der Praxis zeigen sowohl etablierte als auch neue technische Möglichkeiten zur Nutzung von Biobrennstoffen, Biogas und Biotreibstoffen auf. Immer wichtiger werden auch Fragen zur Finanzierung oder zum Betrieb von Bioenergieanlagen, die von fachkundigen Referenten beantwortet werden. Als außeruniversitäres Institut, das seit vielen Jahren durch das Bayerische Staatsministerium für Wirtschaft, Infrastruktur, Verkehr und Technologie gefördert wird, freuen wir uns besonders über den perspektivischen Beitrag von Herrn MR Dr. Gerd von Laffert zu den Zielen der bayerischen Energiepolitik.

Dieses Buch hätte nicht ohne die tatkräftige Unterstützung unseres Teams sowie vieler Autoren aus Wirtschaft, Wissenschaft und Verwaltung erscheinen können. Unser besonderer Dank gilt Frau Dipl.-Ing. Kathrin Müller, Frau Dipl.-Wi.-Ing. Eva Hamatschek, Frau Andrea Farmer und Herrn Helmut Heinl für die Organisation dieser Fachtagung und die redaktionelle Bearbeitung des Bandes sowie dem Verlag Förster in Sulzbach-Rosenberg für den sorgfältigen Druck.

Wir hoffen, auch mit dieser Tagung und diesem Buch wieder Ihr Interesse geweckt zu haben und sind allen Teilnehmern und Lesern für Anregungen dankbar.

Sulzbach-Rosenberg, im Juni 2007

Martin Faulstich
Vorstandsvorsitzender
ATZ Entwicklungszentrum

Stephan Prechtl
Abteilungsleiter Biologische Verfahrenstechnik
ATZ Entwicklungszentrum

▶ VERFAHREN & WERKSTOFFE FÜR DIE ENERGIETECHNIK

▶ VERFAHREN & WERKSTOFFE FÜR DIE ENERGIETECHNIK

VERFAHRENSTECHNIK

Thermische Verfahrenstechnik
- ❑ Verbrennung und Vergasung
- ❑ Behandlung von Prozessgasen
- ❑ Erzeugung von Heißgasen
- ❑ Brennertechnologie

Biologische Verfahrenstechnik
- ❑ Anaerobtechnik: Biogas, Bioethanol
- ❑ Prozesswasseraufbereitung
- ❑ Biogasreinigung
- ❑ Vorbehandlung organischer Reststoffe

WERKSTOFFTECHNIK

Funktionsoberflächen
- ❑ Entwicklung thermisch gespritzter Schichten
- ❑ Verfahrensentwicklung thermisches Spritzen
- ❑ Prozessdiagnostik
- ❑ Vor- und Kleinserienbeschichtung

Pulverwerkstoffe
- ❑ Entwicklung und Herstellung von Spezialpulvern
- ❑ Verfahren zur Schmelzgaszerstäubung
- ❑ Legierungsentwicklung
- ❑ Pulveraufbereitung: Klassieren, Granulieren

Prof. Dr.-Ing. Martin Faulstich Dipl.-Ing. Gerold Dimaczek
ATZ Entwicklungszentrum An der Maxhütte 1 92237 Sulzbach-Rosenberg
Telefon 0 96 61 908-400 Telefax 0 96 61 908-401 E-Mail info@atz.de www.atz.de

Martin Faulstich, Stephan Prechtl [Hrsg.]

Verfahren & Werkstoffe für die Energietechnik: Band 3

Biomasse, Biogas, Biotreibstoffe... Fragen & Antworten

Wo geht es mit der Bioenergie hin?

Dr. Stephan Prechtl

ATZ Entwicklungszentrum

Sulzbach-Rosenberg

ATZ Entwicklungszentrum, Sulzbach-Rosenberg

Verlag Förster Druck und Service, Sulzbach-Rosenberg

1 Einleitung

In vielen Regionen dieser Welt, beispielsweise in China und Indien, wächst im Zuge einer nachholenden Industrialisierung der Energiebedarf rasant. Eine der wichtigsten Herausforderungen des 21. Jahrhunderts ist deshalb die intelligente und Ressourcen schonende Bereitstellung und der sparsame Einsatz von Energie.

Unter dem Aspekt des globalen Klimawandels haben die Staats- und Regierungschefs der Europäischen Union im März 2007 die Weichen für eine integrierte klima- und energiepolitische Strategie der Union gestellt, unter anderem mit dem Ziel den Anteil der Erneuerbaren Energien am Primärenergieverbrauch der EU bis zum Jahr 2020 auf 20 % zu steigern. Neben klimapolitischen Gründen macht Energie aus Sonne, Wind und Biomasse die Mitgliedsstaaten der EU auch unabhängiger von Energie-/ Erdölimporten und führt zu einer verbesserten Energiesicherheit [1].

In Deutschland hat sich die Nutzung Erneuerbaren Energien auch im Jahr 2006 sehr positiv entwickelt und beträgt rund 5,3 % des Primärenergieverbrauchs. Durch die Substitution fossiler Energieträger ließen sich im Jahr 2006 damit etwa 97 Millionen Tonnen Kohlendioxid einsparen, was einer Steigerung von 12,7 % gegenüber 2005 entspricht [2].

Die Erneuerbaren Energien werden in Deutschland zunehmend auch zu einem bedeutenden Wirtschaftsfaktor, was sich im Jahr 2006 an einem Inlandsumsatz von rund 21,6 Milliarden Euro und über 200.000 Beschäftigten in diesem Wirtschaftszweig ablesen lässt. Dieser Boom ist vor allem auf die hohen Öl- und Gaspreise zurückzuführen und die große Nachfrage nach Anlagen zur Wärmeerzeugung [2].

In diese Erfolgsstory mischen sich jedoch in letzter Zeit auch teilweise sehr kritische Töne. Neben der Warnung vor Monokulturen, der Maisanbau zur Biogasnutzung hat sich im Jahr 2006 mehr als verdoppelt, und der schwachen Energieeffizienz von biogenen Treibstoffen der ersten Generation, wird insbesondere im Bereich der Biotreibstoffe, beispielsweise zum Thema Palmöl, eine mehr globale Sichtweise gefordert [3]. Schlagzeilen und Berichte wie beispielsweise „Biosprit zerstört Regenwald" „Biosprit: Ausweg oder Irrweg?", oder „Bioethanol contra Tortilla" heizen die Diskussion über ein zukünftiges „Ökosiegel" für Biokraftstoffe zudem an [4].

Mit dem am 01. Januar 2007 in Kraft getretenen Biokraftstoffquotengesetz und dem seit 01. August 2006 gültigem Energiesteuergesetz werden die Beimischungspflicht und die Besteuerung von regenerativen Kraftstoffen in der Bundesrepublik gesetzlich geregelt. Während die Bioethanol Produzenten im Biokraftstoffquotengesetz eher Vorteile zu einer verbesserten Markteinführung sehen, wird die Biodieselbranche, aufgrund der erhöhten Besteuerung seit August 2006, und des damit verbundenen dramatischen Umsatzrückganges massiv in ihrer Existenz gefährdet, was bereits zu einem Verlust an Arbeitsplätzen geführt hat.

Basierend auf den vorhandenen und zukünftigen Potenzialen der unterschiedlichen Bioenergieträger soll der Beitrag einen Ausschnitt und Überblick zum technischen Stand und Beispiele aktueller Forschungs- und Entwicklungsarbeiten im Bereich der energetischen Nutzung von Biobrennstoffen, Biogas und Biotreibstoffen zeigen.

2 Erneuerbare Energien – Heute und 2050

In der im Februar 2007 vom Bundesministerium für Umwelt, Naturschutz und Reaktorsicherheit veröffentlichten Leitstudie 2007 „Ausbaustrategie Erneuerbare Energien, Aktualisierung und Neubewertung bis zu den Jahren 2020 und 2030 mit Ausblick bis 2050" wird ein zielorientiertes Szenario zur grundsätzlichen Umsetzung der Klimaschutzziele der Bundesregierung beschrieben. Hierbei sollen die Klimagasemissionen bis 2050 in Deutschland auf rund 20 % des Wertes des Jahres 1990 gesenkt werden. Die Zielsetzung soll ohne Nutzung der Kernenergie erreicht werden. Das erarbeitete Leitszenario basiert auf den aktuellsten, derzeit verfügbaren energiewirtschaftlichen Ausgangsdaten (Status Ende 2005), hat aber auch Entwicklungen des Jahres 2006, beispielsweise zur Energiepreisentwicklung mit aufgegriffen. Aufgrund der aktuellen Dynamik, insbesondere beim Ausbau der erneuerbaren Energien, ist eine Fortschreibung des Leitszenarios bis zum Jahresende 2007 vorgesehen [5].

Um diese Zielvorgabe zu erreichen wurden folgende wesentliche energiewirtschaftliche Gestaltungselemente und aufeinander abgestimmte Teilstrategien identifiziert, die in gegenseitiger Wechselwirkung in allen Bereichen der Energiewirtschaft umgesetzt werden sollen [5].

- Erhöhte Nutzungseffizienz in allen Sektoren
- Erhöhte Umwandlungseffizienz durch deutlichen Ausbau der Kraft-Wärme-Kopplung und effizientere Kraftwerke
- Einstieg in die substantielle Nutzung erneuerbarer Energien

Alle zukünftigen Strategien müssen zunächst jedoch den aktuellen Energiemix zur Deckung des Primärenergieverbrauchs berücksichtigen, der in Bild 1 gezeigt ist. Im Jahr 2005 betrug der Anteil der erneuerbaren Energien am Primärenergieverbrauch der Bundesrepublik Deutschland 4,6 %. Der gesamte Primärenergieverbrauch lag 2005 bei 14.238 PJ [11].

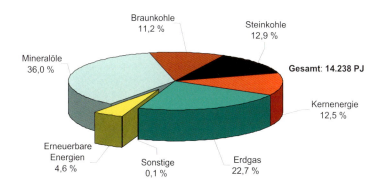

Bild 1: Struktur des Primärenergieverbrauchs in Deutschland 2005 nach [11]

Die bisherige Entwicklung und den Beitrag der erneuerbaren Energien zur Primärenergiebedarfsdeckung, berechnet nach der Wirkungsgradmethode, zeigt Bild 2.

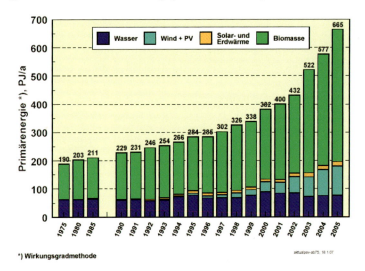

Bild 2:   Beitrag erneuerbarer Energien zur Primärenergieerzeugung (Wirkungsgradmethode) 1975 – 2005 [5]

Im Bereich der Stromerzeugung aus erneuerbarer Energien haben positive politische / gesetzliche Rahmenbedingungen, wie das Stromeinspeisegesetz (1991) und das sich anschließende Erneuerbare-Energien-Gesetz (EEG, 2000; Novellierung 2004) zu einem sehr starken Wachstum der Stromerzeugung aus erneuerbaren Energien geführt. Bild 3 fasst diese dynamische Entwicklung zusammen. Ende des Jahres 2005 wurden insgesamt 63,5 TWh/a produziert, was einer Verdreifachung gegenüber dem Jahr 1993 entspricht.

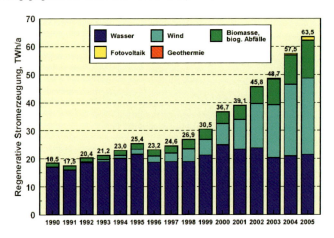

Bild 3:   Stromerzeugung mittels erneuerbarer Energien 1975 - 2005 [5]

Neben dem EEG hat auch beispielsweise die nationale Umsetzung der Richtlinie 2003/30/EG, vom 08. Mai 2003, zur Förderung der Verwendung von Biokraftstoffen oder anderen erneuerbaren Kraftstoffen im Verkehrssektor die Entwicklung regenerativer Energieträger deutlich gefördert, wie in Bild 4 zu sehen ist.

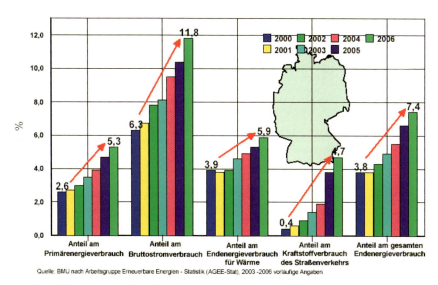

Bild 4: Entwicklung regenerativer Energien in Deutschland seit dem Jahr 2000 nach [2]

Diese positive Entwicklung findet sich auch in den ökonomischen Aspekten Umsatz und Beschäftigtenzahl wieder. Wie aus der Bild 5 ersichtlich betrug der Gesamtumsatz mit erneuerbaren Energien in Deutschland im Jahr 2006 rund 21,6 Milliarden Euro (Investitionen: ca. 11,3 Mrd., Betrieb: ca. 10,3 Mrd.) und über 200.000 Beschäftigten, von denen inzwischen entsprechend Bild 6 die Mehrheit im Bereich Biomasse tätig ist [2].

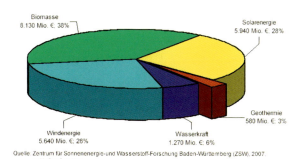

Bild 5: Gesamtumsatz regenerative Energien in Deutschland 2005 [2]

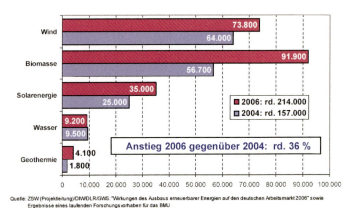

Bild 6: Beschäftigte im Bereich erneuerbare Energien in Deutschland [2]

Bei allen Szenarien zur zukünftigen Entwicklung der erneuerbaren Energien müssen neben technischen und ökonomischen Aspekten, insbesondere im Bereich der Biomasse zunächst jedoch möglichst realistische Potenzialabschätzungen und Prognosen erarbeitet werden.

Zum aktuell vorhandenen und voraussichtlichen zukünftigen Potenzial an Biomasse für die energetische Nutzung existieren eine Vielzahl von Untersuchungen, Studien und Veröffentlichungen, die im Literaturverzeichnis beispielhaft mit genauer Bezugsquelle genannt sind [6, 7, 8, 9].

Das ATZ Entwicklungszentrum hat ebenfalls eigene Abschätzungen / Einschätzungen erarbeitet. Bild 7 zeigt einen Vergleich der oben genannten vier aktuellen Studien zu den möglichen Biomassepotenzialen in Deutschland im Jahr 2020 und eine Einschätzung des ATZ Entwicklungszentrums.

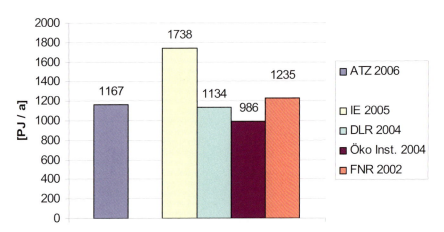

Bild 7: Vergleich der Prognosen aus vier aktuellen Studien über Biomassepotenziale (Biomasse inkl. Energiepflanzen) in Deutschland im Jahr 2020 [6, 7, 8, 9]

Wo geht es mit der Bioenergie hin?

Die Prognose des Institutes für Energetik [8] zum Biomassepotenzial der Bundesrepublik Deutschland 2020 fällt im Vergleich zu den in den weiteren Studien ermittelten Werten deutlich höher aus. Ein Grund hierfür ist die Annahme der Erschließung einer besonders großen landwirtschaftlichen Fläche für die Produktion von Energiepflanzen.

Im Unterschied zur Prognose des Institutes für Energetik weichen die anderen Prognosen nur in geringem Maß voneinander ab.

Die Abschätzung des ATZ Entwicklungszentrums stellt mit 1.170 PJ/a einen konservativen Wert dar, der im Bereich der Prognosen der FNR, des DLR und des Öko Institutes liegt. Die Einschätzung basiert auf den Daten der Bundeswaldinventur von 2004 [10] und auf der Annahme eines Anbau-Mix für Energiepflanzen.

Die unterschiedlichen Studien weisen beträchtliche Biomassepotenziale aus, die jedoch mit teilweise sehr hohen Schwankungsbreiten versehen sind. Verursacht werden diese durch unterschiedliche Annahmen zu Flächenerträgen, Fruchtfolgen/Anbaumix und der Abschätzung der zukünftig für den Energiepflanzenanbau zur Verfügung stehenden Flächen. Die Bild 8 verdeutlicht dies exemplarisch anhand der vier verschiedenen Studien und der Einschätzungen des ATZ Entwicklungszentrums.

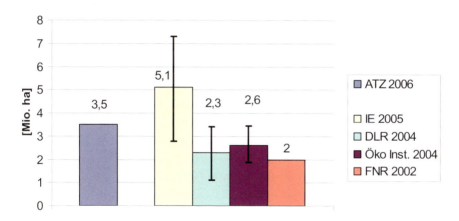

Bild 8: Vergleich der Anbauflächen im Jahr 2020 nach [6, 7, 8, 9]

Die Prognose des Institutes für Energetik [8] von 2005 geht beispielsweise in ihrem „Current-Policy-Szenario" von einer sehr starken Steigerung der Flächeproduktivität und einem Rückgang der Überproduktion bis auf Null aus, so dass bis zu 7,3 Millionen Hektar Anbaufläche für Energiepflanzen zur Verfügung stehen. Für das „Ecology+-Szenario" dieser Studie beträgt der Wert aufgrund der Berücksichtigung von Naturschutzbelangen dagegen weniger als 3 Millionen Hektar Nach Angaben des Deutschen Bauernverbandes würden bis zu 4,4 Millionen Hektar landwirtschaftlicher Fläche in Jahr 2030 für den Energiepflanzenanbau zur Verfügung stehen, wobei der wesentliche Entscheidungsfaktor für die Wahl zwischen Food- und Non-Food-Bereich die Entwicklung der Marktpreise für beide Segmente ist [12]. Die Einschätzung des ATZ Entwicklungszentrums geht von einer Flächenverfügbarkeit für den Energiepflanzenanbau im

Jahr 2020 von 3,5 Millionen Hektar aus. Dieser Wert liegt im Bereich der Prognosen von DLR und Öko Institut und ist in Bezug auf die Einschätzung des Bauernverbandes eher konservativ.

Auch die Leitstudie 2007 „Ausbaustrategie Erneuerbare Energien, Aktualisierung und Neubewertung bis zu den Jahren 2020 und 2030 mit Ausblick bis 2050" basiert auf den Ergebnissen und Potenzialabschätzungen verschiedener früherer Studien und Szenariobetrachtungen, die für die Leitstudie 2007 in der Regel aktualisiert wurden. Detail- und exakte Literaturangaben hierzu finden sich in [5]. Die Leitstudie 2007 geht wie in Bild 9 gezeigt beispielsweise von einer im Jahr 2050 verfügbaren Anbaufläche von 4,5 Millionen Hektar in Deutschland aus, was etwa der Prognose des Deutschen Bauernverbandes im Jahr 2030 entspricht.

Bild 9 weist ein deutlich höheres inländisches Biomassepotenzial für die thermische Nutzung von Biomasse/Biogas, im Vergleich zur Nutzung als regenerativer Kraftstoff aus. Werden Energiepflanzen als feste Brennstoffe stationär verwertet und Biogas ausschließlich aus Reststoffen erzeugt errechnet sich ein Biomassepotenzial von 1.500 PJ/a, Wenn Energiepflanzen dagegen vorrangig zur Biogaserzeugung eingesetzt und eine ausschließliche stationär Verwertung der erzeugten Energiemengen erfolgt, ergibt sich eine Steigerung des Biomassepotenzials auf 1.700 PJ/a [5].

Die auf der Ordinate in Bild 9 als Extremfall dargestellte 100 % Nutzung von Biomasse zur Kraftstoffherstellung lässt je nach Kraftstoffart ein Biomassepotenzial bis 1.300 PJ/a (Schwerpunkt Biogaserzeugung) erwarten [5].

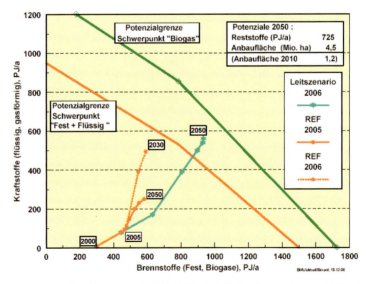

Bild 9: Biomassepotenziale in Deutschland in Abhängigkeit der Verwendungsart (Abszisse als Brennstoff, Ordinate als Kraftstoff und unterschiedlicher Nutzungsschwerpunkte. Eingetragen sind zusätzlich drei Ausbaupfade [5]

Wo geht es mit der Bioenergie hin?

In Bild 9 entspricht REF2005 der Fortschreibung der Energiewirtschaftlichen Referenzprognose im Energiereport IV [13] bis 2050. Für die Referenzentwicklung erarbeitete EWI/Prognos [14] 2006 eine „Ölpreisvariante", die stärker als REF2005 auf mehr Effizienz und einen höheren Beitrag der erneuerbaren Energien setzt und in obiger Bild als REF2006 bezeichnet wird. Das Leitszenario 2006 soll das Klimaschutzziel 2050 durch eine volkswirtschaftlich optimale und strukturell aufeinander abgestimmte Vorgehensweise in den drei bereits genannten Teilbereichen „Effizientere Umwandlung (KWK)", Effizientere Nutzung von Energie" und „Ausbau erneuerbarer Energien" erreichen [5].

Eine Übersicht der wesentlichen demografischen und ökonomischen Eckdaten für die Szenarien REF2005 und Leitszenario 2006 sind in der Tabelle 1 zusammengefasst.

Tabelle 1: Wesentliche demografische und ökonomische Eckdaten der Szenarien nach [5]

	2000	2002	2005	2010	2020	2030	2040	2050
Bevölkerung	82,21	82,41	82,41	82,41	91,39	79,42	77,30	75,12
Erwerbstätige (Mio.)	38,75	38,67	38,75	38,92	38,95	37,50	37,00	35,80
Haushalte (Mio.)	38,15	38,75	39,15	39,57	40,02	39,72	39,20	38,50
Wohnungen (Mio.)	37,05	37,27	37,60	38,20	39,80	40,85	39,50	38,50
Wohnfläche (Mio. m²)	3.281	3.347	3.450	3.615	4.010	4.405	4.580	4.510
Beheizte Nutzfläche (Mio. m²)	1.458	1.485	1.485	1.514	1.539	1.500	1.490	1.432
BP (Mrd. €, 2000)	2.030	2.050	.2110	2.305	2.591	3.050	3.355	3.600
Anzahl Pkw (Mio.)	42,84	44,52	44,83	46,95	50,60	51,90	52,38	52,09
Personenverkehr (Mrd. Pkm)	1.159	1.185	1.220	1.285	1.433	1.511	1.580	1.536
Güterverkehr (Mrd. km)	450	495	535	607	748	843	918	980
Spezifische. Werte								
Pers./Haushalt	2,15	2,13	2,11	2,08	2,03	2,00	1,97	1,50
Wohnfl./Kopf (m²)	39,5	40,6	41,9	43,9	49,3	55,5	59,0	50,0
Wohnfl./Wohnung (m²)	88,5	89,8	91,8	94,5	100,7	107,5	115,4	117,1
Pkw/Haushalt	1,12	1,15	1,15	1,18	1,25	1,31	1,34	1,30
Nutzfl./Beschäft. (m²)	37,6	37,9	38,3	38,9	39,5	40,0	40,0	40,0
BP/Kopf (€ 2000)	24.592	24.875	25.603	27.982	33.052	38.403	43.402	47.523
Pers. Verkehr (Pkm)	14.219	14,391	14.804	15.593	17.606	19.025	20.181	20.447
Güterverkehr/Kopf (km)	5.960	5.018	5.492	7.355	9.190	10.514	11.975	13.046
Index (2000 = 100)								
Bevölkerung	100,0	100,2	100,2	100,2	99,0	96,5	94,0	91,4
Beschäftigte	100,0	99,8	100,0	100,4	100,5	96,8	95,5	92,4
Haushalte	100,0	101,6	102,5	104,0	10,49	104,1	102,8	100,9
Wohnungen	100,0	100,6	101,5	103,1	107,4	110,2	105,6	103,9
Wohnfläche	100,0	102,0	105,2	110,2	122,2	134,3	135,0	137,5
Beheizte Nutzfläche	100,0	100,5	101,5	103,9	105,6	102,5	101,5	98,2
Bruttoinlandsprodukt (BP)	100,0	101,0	103,5	113,5	132,6	150,2	155,3	177,3
Anzahl Pkw	100,0	103,9	104,6	105,5	118,1	121,1	122,3	121,6
Personenverkehr	100,0	101,5	104,4	105,5	122,6	129,3	133,4	131,4
Güterverkehr	100,0	101,2	109,2	123,5	152,7	172,0	187,3	200,0
BP-Wachstum %		0,49	0,56	1,78	1,54	1,25	0,95	0,70

Bis 2030 Eckdaten nach [EWI Prognos 2005], eigene Fortschreibung bis 2050.
Anzahl Pkw und Verkehrsleistung nach [UBA 2005]

Die Bildern 10 bis 12 zeigen Beispiele der Prognosen des Leitszenarios 2006 für die die Struktur des Primärenergieverbrauchs, den Endenergieverbrauch und den Endenergiebeitrag erneuerbarer Energien bis zum Jahr 2050.

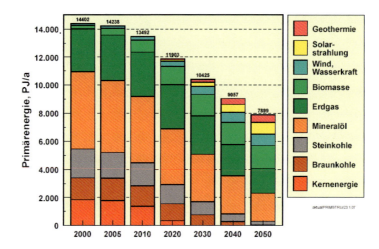

Bild 10:   Struktur des Primärenergieverbrauchs im Leitszenario 2006 [5]

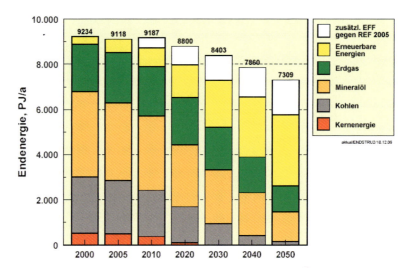

Bild 11:   Endenergieverbrauch im Leitszenario 2006 und zusätzlichem Effizienzgewinn gegenüber REF2005 [5]

Wo geht es mit der Bioenergie hin?

Aus Bild 10 und 11 wird deutlich wie die Nutzung möglicher Effizienzpotenziale, beispielsweise Rückgang der Umwandlungsverluste (Primärenergie) und zusätzliche Effizienzmaßnahmen beim Endnutzer (Endenergie), zu einer deutlichen Senkung des Primärenergieeinsatzes und der Nachfrage nach Endenergie führen.

Die Nachfrage nach Endenergie soll sich bis 2050 gegenüber 2005 um 37 % verringern, wobei die privaten Haushalte insbesondere aufgrund der unterstellten umfassenden Altbausanierung bis zum Jahr 2050 mit 715 PJ/a den größten Beitrag liefern, gefolgt vom Verkehrssektor mit 320 PJ/a. Nach dieser Darstellung übertreffen erneuerbare Energien im Jahr 2050 mit 55 % den Beitrag aller fossilen Energien [5].

Bild 12 zeigt, dass die weiterhin deutlichen Wachstumstendenzen der erneuerbaren Energien, mit einem Anstieg im Jahr 2050 auf rund 3.150 PJ/a, was gut der fünffachen Energiemenge im Vergleich zu 2005 entspricht.

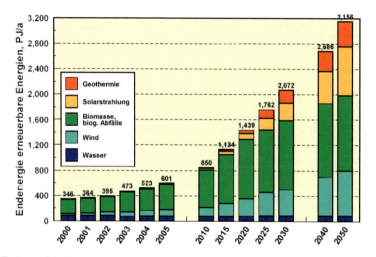

Bild 12:   Endenergiebeitrag erneuerbarer Energien im Leitszenario 2006 [5]

Der dominierende Beitrag der Biomasse (2005 = 68 %, einschl. biogener Abfälle im Müll) bleibt bis etwa zum Jahr 2030 bestehen (ca. 52 %), um anschließend aufgrund der dann voraussichtlich ausgeschöpften Potenziale abzusinken. Langfristig tragen die Nutzung der Solarstrahlung (Fotovoltaik, Kollektoren, Solarstrom aus europäischem Verbund) und die Geothermie zur Wachstumsdynamik bei [5].

Das Leitszenario 2006 beschreibt schwerpunktmäßig ebenfalls die ökonomischen Wirkungen des Ausbaus erneuerbarer Energien, die in Bild 13 beispielhaft die notwendigen jährlichen Investitionen für den Strom- und Wärmesektor aufzeigen. Weitere detaillierte Angaben finden sich in [5].

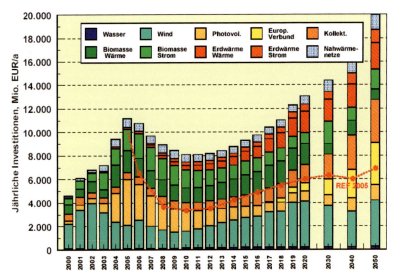

Bild 13: Jährliches Investitionsvolumen im Leitszenario 2006 für den Strom- und Wärmesektor nach Technologien und Vergleich mit der entsprechenden Investitionssumme des Szenarios REF2005 (rote Linie) [5]

Als Fazit zu den unterschiedlichen Studien und Szenarien kann festgehalten werden, dass die Nutzung und der weitere Ausbau der erneuerbaren Energien, insbesondere auch der Biomassenutzung, wesentlich zum Erreichen der gesetzten Klimaziele beitragen könnte.

Im Folgenden, werden im Sinne einer „allgemeinen Einführung" die aktuellen und zukünftigen energetischen Nutzungsmöglichkeiten von Biomasse als Biobrennstoffe, Biogas und Biotreibstoffe, auch unter Einbezug von Forschungs- und Entwicklungsarbeiten des ATZ Entwicklungszentrums kurz vorgestellt.

Im Verlauf der Tagung erfolgt dann ein vertiefter Einstieg in die Themengebiete. So beschäftigen sich die nachfolgenden Beiträge der Referenten unter anderem mit technischen Praxisbeispielen, rechtlichen sowie politischen und marktwirtschaftlichen Aspekten. Weiterhin werden das wichtige Thema der Flächenkonkurrenz und nicht zuletzt innovative Finanzierungsmodelle vorgestellt und diskutiert.

3 Verfahren zur energetischen Nutzung von Biomasse

Die Verfahren zur energetischen Nutzung von Biomasse und Sekundärbrennstoffen sind zahlreich und lassen sich prinzipiell unterscheiden in:

- thermische Verfahren,
- biologische Verfahren und
- physikalisch/chemische Verfahren.

Auf dem Weg zur Energieerzeugung durchlaufen die einzelnen Prozesse verschiedene Zwischenstufen. Bei der Verbrennung von Festbrennstoffen ist es beispielsweise zwingend erforderlich einen Wärmeträger, wie Wasser, Luft oder organische Flüssigkeiten zu erhitzen, die anschließend in einer Kolben- oder Strömungsmaschine Arbeit verrichten. Sehr einfach ist dagegen die Erzeugung von Pflanzenöl durch Pressen, das direkt in Motoren verbrannt werden kann. In beiden Fällen muss die mechanische Energie über einen Generator schließlich in Elektrizität umgewandelt werden. Der dabei auftretende Verlust ist jedoch sehr gering [17].

Die in Bild 14 graphisch herausgehobenen Verfahren werden nachfolgend näher betrachtet.

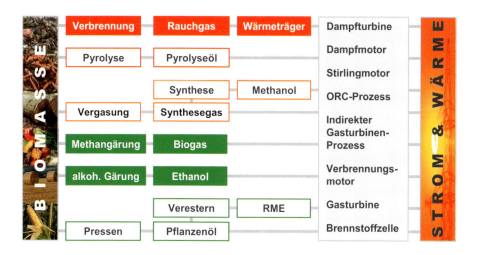

Bild 14: Verfahren zur energetischen Biomassenutzung [17]

4   Biobrennstoffe

Das Haupteinsatzgebiet von Biobrennstoffen stellt bisher der Wärmemarkt dar, was sich auch in der in Bild 15 gezeigten Struktur der Wärmebereitstellung aus erneuerbaren Energien wieder findet. Die energetische Nutzung von Biomasse findet überwiegend in Kleinfeuerungsanlagen und Heizwerken statt, die über ein Nahwärmenetz Haushalte, öffentliche Gebäude und Industriebetriebe versorgen. Als Brennstoff kommen dabei in der Regel Holzhackschnitzel, Industrieresthölzer und zunehmend Holzpellets zum Einsatz.

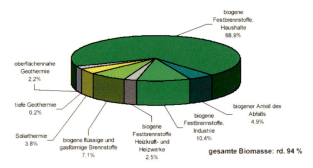

Bild 15:   Struktur der Wärmebereitstellung aus erneuerbaren Energien in Deutschland 2006
nach [2]; Gesamt: 89,4 TWh

In Deutschland wurden 2006 aus erneuerbaren Energien insgesamt 89,4 TWh, davon rund 84 TWh aus Biomasse, Wärme bereitgestellt. Die Nachfrage insbesondere nach Holz ist dabei schätzungsweise um 10 % gestiegen und über das Marktanreizprogramm des Bundes annähernd 140.000 Anlagen gefördert und damit Investitionen von 1,5 Mrd. Euro angestoßen.

Stand der Technik für die Kraft-Wärme-Kopplung mit Biomasse ist nach wie vor die Nutzung biogener Festbrennstoffe in Dampfkraftwerken. In kleinen, dezentralen Anlagen kann Biomasse mit Stirlingmotoren, ORC-Prozessen oder Dampfmotoren bislang nur mit sehr geringen Wirkungsgraden umgesetzt werden [18].

Bild 16:   Heizkraftwerk Pfaffenhofen (Holzhackschnitzelgefeuertes Dampfkraftwerk, el. Leistung
7,5 MW, elektrischer Wirkungsgrad 28,1 %) [18]

Die meisten, in Bild 17 gezeigten, für die Verbrennung von biogenen Festbrennstoffen eingesetzten Feuerungssysteme entsprechen weitgehend den Feuerungssystemen, die auch für die Verbrennung von Kohle eingesetzt werden. Allerdings sind bei allen Feuerungssystemen aufgrund der besonderen Brennstoffeigenschaften Modifikationen notwendig [18].

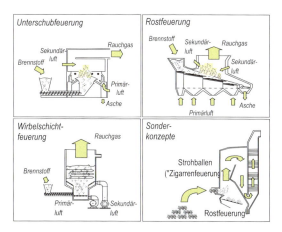

Bild 17: Feuerungssysteme für die Verbrennung biogener Festbrennstoffe [18]

Neben dem klassischen Brennstoff Holz werden zunehmend innovative technische und ökonomische dezentrale Verfahren zur energetischen Nutzung von beispielsweise „Energiegetreide" und/oder Stroh vom Markt nachgefragt. Neben technischen Fragestellungen wie angepasste Feuerungs- und Abgasreinigungstechnik, muss dabei aber auch der unterschiedliche Energieinhalt der Brennstoffe berücksichtigt werden. Dies verdeutlicht der Überblick zum Energieinhalt unterschiedlicher Brennstoffe in Bild 18.

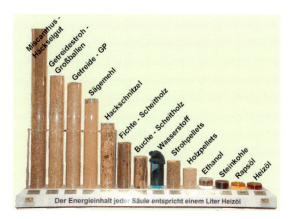

Bild 18: „Brennstofforgel": Energiegehalt biogener Energieträger im Vergleich zu Heizöl und Steinkohle (der Energiegehalt jeder Säule entspricht einem Liter Heizöl) [16]

Das ATZ Entwicklungszentrum bearbeitet aktuell mit weiteren regionalen Partnern, der Fritz Grimm GmbH & Co. KG, der Herding Filtertechnik GmbH und der Fachhochschule Amberg – Weiden, ein F&E-Vorhaben, in dessen Rahmen die Entwicklung einer neuartigen Kleinfeuerungsanlage mit Stufenrost mit bis zu 49 kW thermischer Leistung zur energetischen Nutzung von Getreide und Strohpellets in landwirtschaftlichen Betrieben erfolgt. Ziel der Arbeiten ist es eine möglichst homogene und schnelle Verbrennung unter Einhaltung der Abgasgrenzwerte zu erreichen. Bild 19 zeigt die Versuchsanlage an einem Prüfstand der FH Amberg-Weiden. Nähere Information zum aktuellen Stand der Entwicklung finden sich im Vortrag von Herrn Dipl.-Ing. Fritz Grimm dieser Fachtagung.

Bild 19: Versuchsaufbau am Feuerungsprüfstand der Fachhochschule Amberg-Weiden zur energetischen Nutzung von Getreide und Stroh [17]

Ein weiterer Arbeitsschwerpunkt am ATZ Entwicklungszentrum ist die Entwicklung einer robusten dezentralen Feuerungstechnik, der so genannten Wirbelfeuerung, auf Basis der Wirbelschichttechnologie, in einem Leistungsbereich bis maximal 2 MW. Bild 20 zeigt das Funktionsprinzip.

Das Engineering und der Bau einer Versuchsanlage, entsprechend dem in Bild 20 gezeigten Funktionsprinzip, mit etwa 100 kW thermischer Leistung im Verbrennungstechnikum des ATZ Entwicklungszentrums ist erfolgt.

Wo geht es mit der Bioenergie hin?

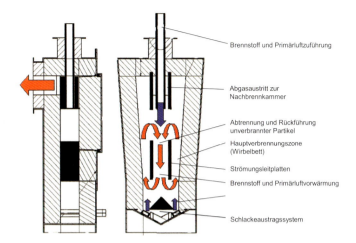

Bild 20:   Funktionsprinzip der Wirbelfeuerung (links: Schnitt Seitenansicht, rechts: Schnitt Frontansicht) [17]

Neben der Korrosions- und Verschmutzungsgefahr weisen konventionelle Formen der Energienutzung, insbesondere die Stromerzeugung mittels des klassischen Dampfkraftprozesses, im dezentralen Leistungsbereich < 10 MW$_{th}$ nur unzureichende Wirkungsgrade auf. Aus diesen Gründen werden vom ATZ Entwicklungszentrum alternative Formen der elektrischen Energieerzeugung für solche Anlagen erarbeitet und weiterentwickelt.

Eine Methode zur Stromerzeugung mit hohen Wirkungsgraden in Kleinanlagen ist der so genannte offene Gasturbinenzyklus, der vom ATZ Entwicklungszentrum durch den Einsatz von regenerativen Wärmetauschern verbessert wurde und in Kürze in Kooperation mit dem Lizenznehmer der Technologie, der Hans Huber AG in Berching, am Beispiel der Klärschlammverwertung in den Pilotmaßstab umgesetzt wird.

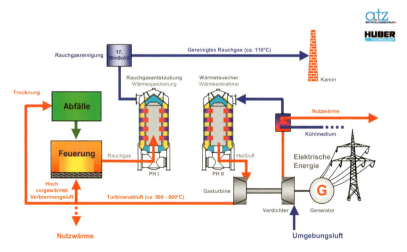

Bild 21:   Verfahrensprinzip des indirekt befeuerten Gasturbinenzyklus

5 Biogas

Die Verstromung von Biomasse (ohne Deponie- und Klärgas, biogene Abfälle) belief sich im Jahr 2006 auf etwa 13,1 Mrd. kWh, im Vergleich zum Jahr 2004 mit rund 8,6 Mrd. kWh. Dies entspricht einem Anteil von 2,2 % am gesamten Bruttostromverbrauch. Stark zugenommen hat die Verstromung von Biogas, die sich aufgrund der Regelungen des EEG von 2,8 Mrd. kWh (2005) auf 5,4 Mrd. kWh im Jahr 2006 nahezu verdoppelt hat [2].

Die Novellierung des Erneuerbare Energien Gesetztes (EEG) im Juli 2004 hat in der Biogasbranche die Nachfrage nach Biogasanlagen, vor allem im landwirtschaftlichen Bereich, enorm gefördert. Die Erzeugung und Nutzung regenerativer Energie bietet insbesondere Landwirten die Möglichkeit sich hin zum „Energiewirt", mit durch das EEG gewährleisteten Rahmenbedingungen, zu entwickeln. Die Bonusregelungen des EEG, beispielsweise zur Kraft-Wärme-Kopplung (KWK) und zum Technologiebonus, bieten zudem einen wirtschaftlichen Anreiz zum Einsatz und zur Etablierung innovativer Verfahren. Neben der regenerativen Energiebereitstellung bietet die Biogastechnologie die Möglichkeit, die Erzeugung von Energie mit einem verbesserten Stoffstrommanagement zu verbinden.

Die im Jahr 1999 installierte Anlagenkapazität von 45 MW_{el} steigerte sich bis 2003 auf 187 MW_{el} [19] und betrug 2006 bereits 650 MW_{el} [20]. Progressive Prognosen des Fachverbandes Biogas e.V. gehen von bis zu 40 Prozent jährlichem Branchenwachstum für die nächsten Jahre aus. Bis zum Jahr 2020 wird die Installation einer Gesamtleistung an Biogasanlagen von insgesamt mindestens 9.500 MW_{el} als machbar erachtet. Diese würde knapp ein Fünftel des deutschen Stromverbrauchs decken [20]. Würden diese Anlagen überwiegend mit Mais als Anbausubstrat (Flächen-Leistungsverhältnis: etwa 2 kW_{el}/ha*a [19]) betrieben, so wären hierfür bei Volllastbetrieb 4,7 Mio. ha Fläche notwendig. Der Fachverband relativiert seine Prognose dadurch, dass ein Teil dieser Anlagen überwiegend im Teillastbetrieb zur Versorgung von Stromspitzen gefahren werden könnte [21].

Trotz der deutlich verbesserten Vergütungssätze des novellierten EEG bedarf der Bau einer Biogasanlage, gerade unter dem Aspekt der derzeitigen Dynamik am Biogasanlagenmarkt, auch weiterhin einer sorgfältigen, vorherigen wirtschaftlichen Prüfung.

Letztlich ausschlaggebendes Kriterium für die Effizienz eines Verfahrens ist aus Betreibersicht aber immer die Wirtschaftlichkeit, die sich durch die Beachtung unterschiedlicher Optimierungspotenziale, bereits bei der Planung der Anlage in vielen Fällen steigern lässt. Ein Anlagenbetreiber wird jedoch vernünftigerweise nur solche Maßnahmen zur Effizienzsteigerung durchführen, die sich entsprechend rentieren, wozu auch eine angepasste Messtechnik und eine mikrobiologisch-verfahrenstechnische Prozessbegleitung zählen.

Praxisrelevante Fragestellungen, die eine Vielzahl von Anlagen betreffen, sind unter Anderem:

- Welche Art der Finanzierung ist die Beste?
- Wie wirkt sich eine effektive Substratvorbehandlung auf Reaktorgröße und Biogasertrag aus?
- Wie lässt sich eine optimierte Durchmischung des Bioreaktors erreichen?
- Wie lässt sich Prozesswasser effektiv und kostengünstig aufbereiten?

- Wohin mit den Gärresten?
- Welche Art der energetischen Nutzung des Biogases ist optimal?

Im Block „Biogas" dieser Fachtagung werden von den Referenten einige dieser Fragestellungen intensiv diskutiert und Lösungsmöglichkeiten vorgestellt. Herr Dr.-Ing. Ottomar Rühl stellt zudem ein innovatives System vor um die Energieeffizienz von Kompostierungsanlagen deutlich zu verbessern.

Das ATZ Entwicklungszentrum verfügt über umfangreiches Know-how im Bereich der verfahrenstechnisch-mikrobiologischen Optimierung von Anaerobanlagen (Abwasser, Abfall, Biomasse, Klärschlamm) und hat in den letzten 10 Jahren eine große Anzahl von Biogasanlagenbetreibern, Planer und Anlagenbauer, auch zur Monovergärung bestimmter Substrate, beispielsweise Getreidekorn, beraten und betreut.

Mit der Entwicklung des ATZ-TDH[®]-Verfahrens steht dem Markt ein effektives Verfahren zur optimierten Substratvorbehandlung zur Verfügung, das durch die Lizenznehmer R. Scheuchl GmbH, Ortenburg und die Thöni Industriebetriebe, Telfs bereits umgesetzt wurde.

Das ATZ-TDH[®]-Verfahren nutzt beispielsweise die bei der Verstromung des Biogases anfallende Abwärme, um neben einem effektiven Substrataufschluss gleichzeitig eine vollständige Hygienisierung des Rohmaterials sicherzustellen [28]. Bild 22 zeigt ein Foto einer großtechnischen Anlage nach dem ATZ-TDH[®]-Verfahren für einen Durchsatz von circa 40.000 Tonnen (Maissilage und Gülle) pro Jahr. Nähere Informationen zur Anlage stellt Herr Dr.-Ing. Udo Dinglreiter in seinem Vortrag vor.

Bild 22:   ATZ-TDH[®]-Verfahren; Foto: R. Scheuchl GmbH, Ortenburg

Das ATZ Entwicklungszentrum verfügt weiterhin über langjährige Erfahrungen im Bereich von strömungstechnischen Berechnungen und hat verschiedene reale Biogasreaktoren zum Durchmischungsverhalten untersucht.

Das Bild 23 zeigt die Strömungsgeschwindigkeitsverteilung in einem Bioreaktor einer Bioabfallvergärungsanlage, wobei eine rote Farbgebung Zonen mit hoher Strömungsgeschwindigkeit und eine blaue Farbgebung Zonen mit sehr niedriger Strömungsgeschwindigkeit (=Strömungstoträume), die in der Regel zur Sedimentation von Sand, Schluff etc. führen kennzeichnet. Für den in Bild 23 gezeigten Biogasreaktor liegt das berechnete und durch praktische Versuche mittels Tracermarkierung bestätigte „Totvolumen" bei rund 260 m³ und damit bei fast 20 % des Reaktorvolumens. Eine Optimierung ist durch Änderung der Anordnung und der Anzahl der Gaslanzen möglich [29].

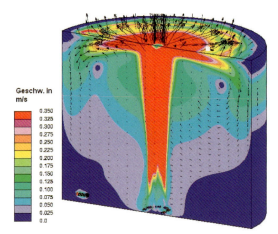

Bild 23: Strömungsgeschwindigkeitsprofil realer Bioreaktor (1.500 m³, TS-Gehalt 4-6 %) mit Gaseinpressung zur Reaktordurchmischung; senkrechter Schnitt durch die Mitte des Rundbehälters

Da Gasmotoren inzwischen einen relativ hohen technischen Standard erreicht haben, der bei den zur Zeit am meisten verkauften Baugrößen von 500 - 1.000 kW_{el} bereits elektrische Wirkungsgrade bis zu 40 % erlaubt, ist im Bereich der Kraftmaschinen bei der Biomassevergärung sehr wahrscheinlich nur noch ein geringes Potenzial zur Effizienzsteigerung vorhanden. Die Erhöhung der elektrischen Wirkungsgrade ist dabei vor allem auf die Verwendung von optimierten turboaufgeladenen Motoren seitens der BHKW Hersteller zurück zuführen. Weitere Möglichkeiten einer verbesserten Stromproduktion ergeben sich bei Kopplung mit einem Organic-Rankine-Cycle (ORC)-Prozess [22], oder einem Dampfschraubemotor. Dampfschraubenmotoren werden für einen elektrischen Leistungsbereich von etwa 100 bis 2.500 kW konzipiert. An der Universität Dortmund ist seit 1997 eine Demonstrationsanlage in Betrieb [23], welche die Abwärme aus einem BHKW ausnutzt.

Bisher, speziell in Altanlagen, wenig bis fast überhaupt nicht berücksichtigt, für den wirtschaftlichen Betrieb jedoch unerlässlich sind innovative Wärmekonzepte, um gerade bei dezentralen Anlagen einen möglichst hohen Anteil der produzierten (Ab)wärme ökonomisch zu nutzen und zu vermarkten. Neben der Anbindung an ein Nahwärmenetz könnten auch mobile Wärmetransportsysteme (Umkreis ca. 50 km), speziell für Niedertemperaturwärme, eine interessante

Alternative bieten. Verschiedene Speichersysteme befinden sich derzeit in Forschung und Entwicklung. Ein Nachweis der Dauerstabilität und Wirtschaftlichkeit steht jedoch noch aus.

Die Nutzung der produzierten Abwärme für Trocknungsprozesse (Holz, Klärschlamm, Düngemittel, Lebensmittel usw.) wird bereits an einigen Anlagen durchgeführt, wobei das mögliche Potenzial hierzu sicher noch bei weitem nicht ausgeschöpft ist. Synergieeffekte im Bereich des Wärmemanagements würden sich auch für viele landwirtschaftliche Brennereibetriebe ergeben, die eine Biogasanlage nachrüsten.

Alternativ zur Stromerzeugung in BHKW-Verbrennungsmotoren werden derzeit weitere Möglichkeiten der Gasverwertung (zum Beispiel Mikrogasturbinen, Brennstoffzellen, Erdgasnetzeinspeisung, Motorkraftstoff) untersucht. Die Aufbereitung des Biogases auf Erdgasqualität bietet Standorten, an denen eine effektive Wärmenutzung bei Installation eines BHKW, nur sehr schwer zu realisieren wäre Vorteile. Berücksichtigt werden müssen jedoch die erhöhten Aufwendungen zur Gasaufbereitung, die in der Regel erst ab einer größeren Anlagenleistung von ca. 1 MW_{el} einen wirtschaftlichen Betrieb ermöglichen. Durch die Aufbereitung des Biogases auf Erdgasqualität ergibt sich eine deutlich verbesserte energetische Nutzung im Vergleich zur dezentralen Verstromung.

Das ATZ Entwicklungszentrum bearbeitet aktuell ein F&E-Vorhaben zur Methananreicherung mittels spezieller Membranen. Ziel ist es eine wirtschaftliche Lösung auch für Anlagen im kleineren Leistungsbereich anzubieten.

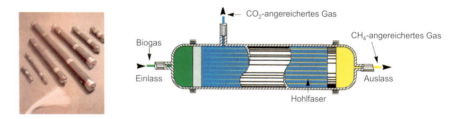

Bild 24:   Foto und Schemazeichnung von speziellen Membranen zur Methananreicherung, die am ATZ Entwicklungszentrum für den dezentralen Einsatz untersucht werden.

Die Biogaserzeugung erfüllt prinzipiell nahezu alle Voraussetzungen, die dem Leitbild einer nachhaltigen Entwicklung zugrunde liegen. Aufgrund der insgesamt positiven Rahmenbedingungen kann Biogas bei der Erschließung eines erneuerbaren Energiemarktes eine wesentliche Rolle spielen. Allerdings ist die Effizienz von Biogaserzeugung und -verwertung durch Forschungs- und Entwicklungsarbeiten weiter zu verbessern, um das energetische Potenzial von Biogas zukünftig voll auszuschöpfen.

6 Biotreibstoffe

Entsprechend der Richtlinie 2003/30/EG (08. Mai 2003) gelten momentan Bioethanol, Biodiesel, Biogas Biomethanol, Biodimethylether, Bio-ETBE (Ethyl-Tertiär-Buthylether), Bio-MTBE (Methyl-Tertiär-Buthylether), Synthetische Biokraftstoffe (BTL „Biomass-To-Liquid", GTL „Gas-To-Liquid"), Biowasserstoff und reines Pflanzenöl als Biokraftstoffe. Entsprechend der Richtlinie wird für das Jahr 2010 ein Anteil von 5,75 % des Kraftstoffverbrauchs angestrebt. Die Richtlinie ermöglicht es den einzelnen EU-Mitgliedsstaaten alle Biokraftstoffe unabhängig davon, ob sie als Reinkraftstoffe oder Zumischung eingesetzt werden, von der Mineralölsteuer zu befreien.

Für Biokraftstoffe ist im Jahr 2006 in Deutschland erneut ein deutliches Wachstum zu verzeichnen gewesen. Der Absatz stieg von 2,3 Mio. Mg im Jahr 2005 auf mindestens 2,8 Mio. Mg in 2006. Dafür spielten neu geschaffene Produktionskapazitäten und die bis in die zweite Jahreshälfte weiter gestiegenen Preise für fossile Kraftstoffe eine Rolle. Neben dem nach wie vor dominierenden Absatz von Biodiesel (2005: 1,8 Mio. Mg) sind für das vergangenen Jahr nennenswerte Mengen an Bioethanol (0,5 Mio. Mg) und Pflanzenöl (0,3 Mio. Mg) zu verzeichnen [2].

Mit dem in der Bundesrepublik Deutschland am 01. Januar 2007 in Kraft getretenen Biokraftstoffquotengesetz und dem seit 01. August 2006 gültigem Energiesteuergesetz werden die Beimischungspflicht und die Besteuerung von regenerativen Kraftstoffen gesetzlich geregelt. Während die Bioethanol Produzenten im Biokraftstoffquotengesetz eher Vorteile zu einer verbesserten Markteinführung sehen, wird die Biodieselbranche, aufgrund der erhöhten Besteuerung seit August 2006, und des damit verbundenen dramatischen Umsatzrückganges massiv in ihrer Existenz gefährdet, was bereits zu einem Verlust an Arbeitsplätzen geführt hat.

Aktuell wird auch sehr intensiv die Einführung eines Zertifikates für die Einfuhr regenerativer Kraftstoffe wie beispielsweise Palmöl diskutiert, um schädliche Umweltauswirkungen in den Anbauregionen zu vermeiden. Nach Auskunft des Umweltbundesamtes ist mit einem Zeitraum von noch mindestens zwei Jahren zu rechnen ehe ein Zertifizierungssystem in einer EU-Richtlinie umgesetzt werden könnte [24, 25]. Prof. Dr.-Ing. Markus Brautsch berichtet in seinem Vortrag über neue Forschungsergebnisse beim Einsatz von reinem Pflanzenöl.

Im Bereich Bioethanol hat, wie bereits erwähnt, das Biokraftstoffquotengesetz die „Markteinführung" positiv unterstützt und zu einer erhöhten Nachfrage im Anlagenbau geführt. Bild 25 gibt einen Überblick der führenden Bioethanolhersteller in Europa und Bild 26 fasst die aktuell geplanten Bioethanolanlagen in Europa zusammen.

Wo geht es mit der Bioenergie hin?

Produzenten	Kapazität 2006 m³/a	Anlagen	Land	Marktanteil %
Abengoa Bioenergy	426.000	3	Spanien	27
Verbio AG	320.000	3	D	20
Crop Energies	260.000	1	D	17
Cristal Union	160.000	2	Frankreich	10
Sekab	100.000	1	Schweden	7
Brasco	100.000	1	Polen	7
Tereos	50.000	1	Frankreich	3
Agroetanol	50.000	1	Schweden	3
andere	95.000			6
Total	1.561.000			

Bild 25: Marktanteil der führenden Bioethanolhersteller in Europa, nach Recherchen des ATZ Entwicklungszentrums

Anlagen in Planung	Kapazität m³/a	Anlagen	Planer/ Contractor	Technologie-Ausrüster	Substrat/ feedstock
ENVIRAL a.s.	140.000	Slowakei	GEA Wiegand	GEA Wiegand	
Agrana Bioethanol GmbH (Südzucker)	200.000	Pischelsdorf (A)	bse-engineering Leipzig GmbH	VOGELBUSCH GmbH, Austria	Weizen, Rüben
Crop Energies AG (Südzucker)	300.000	Wanze (Belgien)		VOGELBUSCH GmbH, Austria	Weizen, Rüben
Abengoa Bioenergy France	250.000	Lacq (France)	Abener Energia, S.A. Spanien	VOGELBUSCH GmbH, Austria	Maiskorn
Fuel 21 GmbH (Nordzucker AG)	130.000	Klein Wanzleben		?	Rübendicksaft
Green Spirit Fuels Ltd	130.000	Henstridge (UK)	M+W Zander	GEA Wiegand	Getreide
Green Spirit Fuels Ltd	250.000	Henstridge (UK)	M+W Zander	GEA Wiegand	Getreide

Bild 26: Geplante Bioethanolanlagen in Europa, nach Recherchen des ATZ Entwicklungszentrums

Die Produktion von Bioethanol in der EU wurde erst Mitte der 1990er Jahre in nennenswertem Umfang aufgenommen. Allerdings ist die europäische Produktion von Bioethanol in den letzten Jahren von etwa 2,5 Mio. m³ im Jahr 2004 auf etwa 2,7 Mio. m³ im Jahr 2005 stark gewachsen; für das Jahr 2006 wurde eine weitere Steigerung auf etwa 3,1 Mio. m³ erwartet.

Betrachtet man die in Bild 27 gezeigte prozentuale Aufteilung der weltweiten Ethanol-Produktion nach Ländern (Kraftstoff- und sonstige Anwendungen) für das Jahr 2006, wird sehr deutlich, dass sich der Anteil der EU an der weltweiten Produktion als bisher eher sehr gering darstellt.

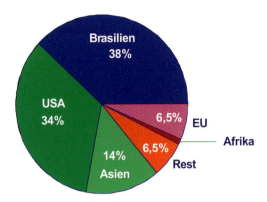

Bild 27: Weltweite Ethanol-Produktion 2006; Gesamt ca. 46 Mio. m³ [26]

Ein wesentlicher Anteil der Produktionskapazität entfällt auf die Erzeugerländer Brasilien und USA. Durch die frühzeitige staatliche Förderung und niedrige Herstellungskosten infolge der Verwendung des Rohstoffes Zuckerrohr ist Brasilien mit einer Ethanolproduktion von etwa 17,5 Mio. m³ im Jahr 2006 – knapp vor den USA – der weltweit größte Erzeuger von Bioethanol. Nachdem die Ethanol-Handelsbilanz bis zum Jahr 2003 ausgeglichen war, hat sich die EU inzwischen aufgrund der gestiegenen Nachfrage und der nur begrenzt verfügbaren Produktionskapazitäten für Ethanol zu einem Nettoimporteur entwickelt [26].

Die deutsche Ethanolproduktion ist auf der anderen Seite geprägt durch eine Vielzahl von kleinen und mittelgroßen Erzeugern von Agraralkohol. Die erzeugte Menge an Agraralkohol entspricht etwa 30 % des in Deutschland produzierten Ethanols. Die Situation der etwa 800 landwirtschaftlichen Brennereien in Deutschland wird geprägt durch das Branntweinmonopolgesetz. Die Reform des Branntweinmonopols durch die Bundesregierung im Dezember 1999 und in der Folge die Absatzeinbrüche der Bundesmonopolverwaltung haben auch für landwirtschaftlich betriebene Brennereien zur Folge, dass deren Auslastung sinkt. Durch die sinkenden Übernahmepreise für den Rohalkohol seitens der Monopolverwaltung geraten die Brennereien wirtschaftlich zunehmend unter Druck.

Dadurch haben die betroffenen Landwirte schon jetzt drastische Einnahmeverluste zu verkraften. Zwar wird das deutsche Branntweinmonopol vorläufig bis zum Jahr 2010 verlängert, im Zuge der EU-Pläne für eine Europäische Alkoholmarktordnung ist der Fortbestand des Monopols in der alten Form auf Dauer aber in Frage gestellt.

Neben den konventionellen Rohstoffen wie Zuckerrohr, Mais, Weizen und Roggen bieten jedoch Rohstoffe auf der Basis von Lignocellulose (LCB), beispielsweise Ganzpflanzen und landwirtschaftliche Reststoffe sowie Abfallstoffe, eine interessante Alternative. Lignocellulose kommt ubiquitär und in großen Mengen vor und bietet prinzipiell eine nahezu unerschöpfliche regenerative Energiequelle für die Produktion von Bioethanol. Damit könnten Brennereien neben auf Stilllegungsflächen produzierten schnell wachsenden Pflanzen wie beispielsweise Miscanthus auch landwirtschaftliche Nebenprodukte oder Grüngut nutzen und somit die Rohstoff- und Erzeugungskosten reduzieren.

Das ATZ Entwicklungszentrum arbeitet bereits seit mehreren Jahren an einem Verfahren zur dezentralen Erzeugung von Bioethanol, das im Rahmen eines Demonstrationsvorhabens demnächst umgesetzt werden soll. Ein Verfahrensschema zeigt Bild 28 [27].

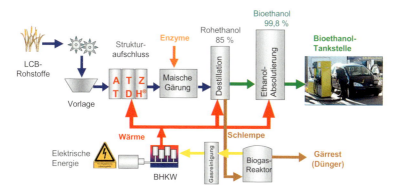

Bild 28: Verfahrensschema zur dezentralen Herstellung von Bioethanol aus lignocellulosehaltiger Biomasse mit dem ATZ-TDH®-Verfahren

Auch Biogas bietet sich prinzipiell als regenerativer Kraftstoff an, insbesondere an Standorten an denen keine effektive Abwärmenutzung bei energetischer Nutzung in BHKW gegeben ist. Aus wirtschaftlichen Überlegungen heraus (Vergütung nach EEG) gibt es aktuell jedoch nur einige Demonstrationsanlagen.

Bild 29 verdeutlicht das im Vergleich zu Bioethanol, Biodiesel oder Pflanzenöl sehr große Potenzial von Biogas, bei einer Verwendung als regenerativer Kraftstoff.

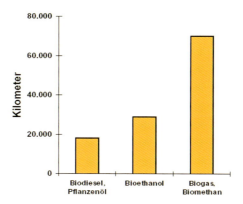

Bild 29: Kilometerleistung regenerativer Kraftstoffe bezogen auf einen Hektar Anbaufläche nach [30]

Weitere Aspekte zum Thema „Biogas als Treibstoff" diskutiert Herr Dr. Peter Biedenkopf in seinem Vortrag und im Manuskript zum Tagungsband.

7 Fazit

Die Bioenergie hat das Potenzial bei der Umsetzung der Klimaschutzziele einen wesentlichen Beitrag zu leisten. Bild 30 zeigt die vermiedenen CO_2-Emissionen in Deutschland 2006, durch die Nutzung erneuerbarer Energien.

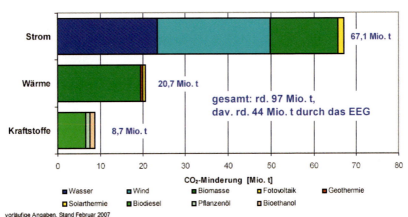

Bild 30: Vermiedene CO_2-Emissionen in Deutschland 2006, durch die Nutzung erneuerbarer Energien [2]

Für das Jahr 2006 lässt sich eine CO_2-Minderung, durch die Substitution anderer Energieträger im Bereich Strom, Wärme, Treibstoffe, auf insgesamt rund 97 Mio. Mg ermitteln. Im Jahr 2006 sind durch den Ausbau der erneuerbaren Energien zusätzlich etwa 11 Mio. Mg CO_2-Einsparung hinzugekommen. Durch den verstärkte Nachfrage werden die erneuerbaren Energien zunehmend auch zu einem bedeutenden Wirtschaftsfaktor in Deutschland. Eine erste Analyse für das BMU zeigt, dass sich der Inlandsumsatz im Jahr 2006 gegenüber dem Vorjahr um 19 % auf circa 21,6 Mrd. € erhöht hat, wobei der umsatzstärkste Bereich hierbei die energetische Nutzung von Biomasse mit 38 % ist [2].

Gleichzeitig müssen jedoch auch die anderen regenerativen Energieträger, beispielsweise auch die Geothermie stärker genutzt werden. Um den zukünftigen Energieverbrauch entscheidend zu senken müssen weiterhin die Nutzungseffizienz in allen Sektoren erhöht und die Umwandlungseffizienz durch deutlichen Ausbau der Kraft-Wärme-Kopplung und effizientere Kraftwerke verbessert werden. Nicht zuletzt trägt auch der Verbraucher selbst mit seinem individuellen Verhalten zur Entwicklung des Energieverbrauchs mit bei. Nicht zu vergessen darf diese Entwicklung keine einzelstaatliche „Insellösung" sein, sondern muss sich, betrachtet man Deutschland, mindestens in einem europäischen Netzwerk wieder finden. Dieser europäische Verbund könnte dann als „ein Modellbeispiel" für andere Regionen der Welt dienen.

Im Bereich der Bioenergie sind zukünftig sicher auch „Effizienzkriterien" bei der Potenzialbetrachtung notwendig, damit es nicht zu ökologisch fragwürdigen Konkurrenzsituationen um vorhandene Flächen kommt. Hingewiesen wurde beispielsweise auf die unterschiedlichen Potenziale für die thermische Nutzung von Biomasse/Biogas, im Vergleich zur Nutzung als regenerativer Kraftstoff. Hier gilt es auch für die Politik die entsprechenden „ökologischen und ökonomischen Weichen", bei der Weiterentwicklung des EEG etc. zu stellen.

Demnach lässt sich die Frage „Wo geht es mit der Bioenergie hin?" dahingehend beantworten: Die Potenziale sind vorhanden, sie sollten und müssen jedoch auch zukünftig sowohl technisch, ökonomisch und ökologisch möglichst ideologiefrei genutzt werden, um die bisherige Erfolgsgeschichte weiter zu schreiben.

8 Quellen

[1] Frühjahrsgipfel der Staats- und Regierungschefs der Europäischen Union zur Umsetzung der Lissabon-Strategie. In: Umwelt Nr. 4 2007, Hrsg. Bundesministerium für Umwelt, Naturschutz, und Rektorsicherheit (BMU), Referat Öffentlichkeitsarbeit, Berlin, S. 197-201

[2] Entwicklung der erneuerbaren Energien im Jahr 2006 in Deutschland, Stand: 21. Februar 2007. Aktuelle Daten des Bundesumweltministeriums zur Entwicklung der erneuerbaren Energien in Deutschland im Jahr 2006 auf der Grundlage der Angaben der Arbeitsgruppe Erneuerbare Energien-Statistik (AGEE Stat). Hrsg. Bundesministerium für Umwelt, Naturschutz, und Rektorsicherheit (BMU), Referat KI III 1 (Allgemeine und grundsätzliche Angelegenheiten der Erneuerbare Energien), www.erneuerbare-energien.de

[3] AGRA-EUROPE 10/07, 5. März 2007. Hrsg. AGRA-EUROPA Presse- und Informationsdienst GmbH, Bonn

[4] Biokraftstoff braucht Ökosiegel. VDI Nachrichten Nr. 10, 9. März 2007, VDI Verlag GmbH, Düsseldorf

[5] Leitstudie 2007 „Ausbaustrategie Erneuerbare Energien", Aktualisierung und Neubewertung bis zu den Jahren 2020 und 2030 mit Ausblick bis 2050. Hrsg. Bundesministerium für Umwelt, Naturschutz, und Rektorsicherheit (BMU), Referat KI III 1 (Allgemeine und grundsätzliche Angelegenheiten der Erneuerbare Energien), www.erneuerbare-energien.de.

[6] Ökologisch optimierter Ausbau der Nutzung erneuerbarer Energien in Deutschland (Langfassung), erstellt unter der Federführung der Deutschen Gesellschaft für Luft- und Raumfahrt (Institut für Technische Thermodynamik) in Zusammenarbeit mit dem Institut für Energie- und Umweltforschung und dem Wuppertal Institut für Klima, Umwelt und Energie, Stuttgart, Heidelberg, Wuppertal, März 2004

[7] Biomasse als erneuerbarer Energieträger – eine technische, ökologische und ökonomische Analyse im Kontext der übrigen erneuerbaren Energien, erstellt unter der Federführung des Technologie- und Förderzentrums (TFZ Straubing), des Instituts für Energetik und Umwelt und des Instituts für Energiewirtschaft und Rationelle Energieanwendung (Universität Stuttgart) in Zusammenarbeit mit der Universität Utrecht (Department of Science and Technology), Landwirtschaftsverlag Münster, 2002

[8] Nachhaltige Biomassenutzungsstrategien im europäischen Kontext – Analysen im Spannungsfeld nationaler Vorgaben und der Konkurrenz zwischen festen, flüssigen und gasförmigen Bioenergieträgern, erstellt unter der Federführung des Instituts für Energetik und Umwelt gGmbH in Zusammenarbeit mit dem Institut für Landwirtschaftliche Betriebslehre (Universität Hohenheim), der Bundesforschungsanstalt für Forst- und Holzwirtschaft und dem Öko Institut, Leipzig, 2005

[9] Stoffstromanalyse zur nachhaltigen energetischen Nutzung von Biomasse, erstellt unter der Federführung des Ökoinstituts 2004 in Zusammenarbeit mit dem Fraunhofer Institut UMSICHT, dem Institut für Energetik gGmbH, dem Institut für Energie- und Umweltforschung GmbH, dem Institut für ZukunftsEnergieSysteme, dem Institut für Geoökologie (TU Braunschweig) und dem Wissenschaftszentrum Weihenstephan für Ernährung, Landnutzung und Umwelt (TU München), Darmstadt, Berlin, Oberhausen, Leipzig, Heidelberg, Saarbrücken, Braunschweig, München 2004

[10] Bundeswaldinventur: http://www.sdw.de/wald/bwi2004.htm, Stand: Nov. 2006

[11] Grafiken und Tabellen zur Entwicklung der erneuerbaren Energien in Deutschland, Mai 2006 Hrsg. Bundesministerium für Umwelt, Naturschutz, und Rektorsicherheit (BMU), www.erneuerbare-energien.de.

[12] Deutscher Bauernverband, www.bauernverband.de/konkret_2399.html, Stand: 11.2006

[13] Energiereport IV – Die Entwicklung der Energiemärkte bis zum Jahr 2030. EWI//Prognos, Untersuchung im Auftrag des BM für Wirtschaft und Arbeit. Köln, Basel, April 2005

[14] Auswirkungen höherer Energiepreise auf Energieangebot- und nachfrage. Ölpreisvariante der energiewirtschaftlichen Referenzprognose 2030. EWI/Prognos, Untersuchung im Auftrag des BM für Wirtschaft und Arbeit. Köln, Basel, August 2006

[16] Technologie und Förderzentrum im Kompetenzzentrum für nachwachsende Rohstoffe, Straubing, Brennstofforgel, Stand 11.2006http://www.tfz.bayern.de/sonstiges/16028/ mb_b_rs_engergieinhalt.pdf

[17] Prechtl, S., Quicker, P.: Innovative Technologien zur Nutzung von biogenen Reststoffen. Handbuch zum Kongress. Umwelt Innovativ – Reststoff zu Rohstoff, Bayern-Innovativ, Augsburg, 16. November 2006

[18] Karl, J.: Stand und Perspektiven thermischer Verfahren. In: Faulstich, M. (Hrsg.), Energie aus Biomasse und Abfall, Förster Verlag, Sulzbach-Rosenberg, 2005, S. 11 – 23

[19] Handreichung – Biogasgewinnung und -nutzung, Hrsg. Fachagentur Nachwachsende Rohrstoffe e.V., Gülzow 2004

[20] Biogas - das Multitalent für die Energiewende, Fakten im Kontext der Energiepolitik-Debatte, Fakten in Kürze, Hrsg. Fachverband Biogas e.V., März 2006

[21] Ott, M., Stellvertretender Geschäftsführer des Fachverbandes Biogas e. V. , Antwort auf Publikumsfrage nach Fachvortrag, 15. Symposiums Bioenergie, Kloster Banz, Bad Staffelstein, 23.11.06

[22] Kauder, K., Fost, C., Piatkowski, R.: Stromerzeugung mit Schraubenmotoren, Internet-Publikation der Universität Dortmund: http://www.fem.mb.uni-dortmund.de/forschung/projekte/stromerzeugung/stromerzeugung.html, Dortmund

[23] Obernberger, I., Hammerschmid, A., Bini, R.: Biomasse-Kraft-Wärme-Kopplungen auf Basis des ORC-Prozesses – EU-THERMIE-Projekt Admont (A), in: VDI-Gesellschaft Energietechnik (Hrsg.), VDI-Tagungsband Thermische Nutzung von fester Biomasse, Salzburg, VDI-Bericht 1588, Düsseldorf, S. 283 - 302

[24] Dany, Ch.: Diskussionen um Palmöl-BHKW. Energie Pflanzen 2/2007, Forst Fachverlag, Scheeßel-Hetzwege, 2007, S. 10 - 12

[25] Umweltministerium sieht Einsatz von Palmöl zur Stromerzeugung mit großer Skepsis. BMU-Pressedienst Nr. 015/07, Berlin, 16.01.2007

[26] Licht, F. O.: F.O. Licht's World Ethanol & Biofuels Report, June 2006

[27] Prechtl, S., Faulstich, M.: Überblick zur Bioethanolproduktion und erste Praxiserfahrungen mit lignocellulosehaltiger Biomasse. Handbuch zur Fachtagung. 3. Weihenstephaner Hefesymposium, 27./28. Juni 2006, Freising-Weihenstephan

[28] Prechtl, S., Faulstich, M.: Optimierte Verwertung organischer Abfälle durch das ATZ-TDH Verfahren. In: Lorber, K. E., Staber, W., Menapace, H., Kienzl, N., Vogrin, A. (Hrsg.), Handbuch zur Fachtagung. DepoTech 2006, VGE Verlag GmbH, Essen, S. 285 – 292, ISBN 10: 3-7739-6023-9

[29] Scholz, R., Prechtl, S., Faulstich, M.: Effizienzsteigerung von Vergärungsanlagen durch optimierte Durchmischung. In: Lorber, K. E., Staber, W., Menapace, H., Kienzl, N., Vogrin, A. (Hrsg.), Handbuch zur Fachtagung. DepoTech 2006, VGE Verlag GmbH, Essen, S. 267 – 272, ISBN 10: 3-7739-6023-9

[30] Ott, M.: Effizienzsicherung Anforderungen an zukünftige Biogasprojekte. Vortrag, Fachverband Biogas e.V., Bernburg, 06. April 2006

Martin Faulstich, Stephan Prechtl [Hrsg.]

Verfahren & Werkstoffe für die Energietechnik: Band 3
Biomasse, Biogas, Biotreibstoffe... Fragen & Antworten

Welche rechtlichen Neuigkeiten gibt es im Bereich Biogas und Biomasse?

Dr. Michael Rössert

Bayerisches Landesamt für Umwelt

Augsburg

ATZ Entwicklungszentrum, Sulzbach-Rosenberg

Verlag Förster Druck und Service, Sulzbach-Rosenberg

1 Biogas – Problempunkte

- **Geruchsbelästigungen** führen zu Beschwerden und damit zu Akzeptanzproblemen.
- **Hohes Methan-Restgaspotenzial aus Gärrestelagern**
  - Das Biogas-Messprogramm der Bundesforschungsanstalt für Landwirtschaft (FAL) zeigt, dass 20 % der Anlagen zwischen 15 % und 25 % des Methan-Potenzials nicht nutzen.
  - *Die Klimagasbilanz kann dadurch gegebenenfalls sogar negativ ausfallen.* Nach BMELV ist die Rentabilität einer nachträglichen Abdeckung bei einem nutzbaren Methan-Restgasanteil von > 5 % häufig gegeben.
- **Ammoniakemissionen aus Gärrestelagern** können beträchtlich sein.

2 Biogas – Lösungsvorschläge

Erforderlich ist ein einheitlicher Stand der Technik bei Biogasanlagen. Maßnahmen zur Minderung der Geruchs-, Ammoniak- und Methan-Emissionen müssen im Vordergrund stehen, mit Konsequenzen für die Auslegung und den Betrieb von Biogasanlagen.

Hierzu ist die Richtlinie VDI 3475 Blatt 4 in Arbeit – Emissionsminderung – Biogasanlagen in der Landwirtschaft (Gründruckverfahren läuft).

Die VDI 3475 Blatt 4 soll den Stand der Technik definieren von Anlagen zur Biogaserzeugung aus Produkten der Landwirtschaft mit Substraten, wie zum Beispiel Silagen, Getreide, Mais, Schlempen, Rapskuchen und Pflanzenreste.

Sie soll Emissionsminderungsmaßnahmen aufführen zur Vermeidung von Luftverunreinigungen, wie Geruchsstoffe, Luftschadstoffe, Bioaerosole, und zur Vermeidung von Emissionen klimawirksamer Gase und dabei auch die Emissionen und den Stand der Technik der anlagenzugehörigen Biogasmotoren behandeln.

Zum Beispiel inwieweit im Gärrestelager noch wesentliche Gärprozesse mit Methanentwicklung ablaufen, hängt wesentlich von der Verweilzeit im Fermenter ab. Die VDI wird hierzu Hinweise zur erforderlichen Verweilzeit und Nachgärzeit im abgedeckten Gärrestelager geben.

3 Biomasse – Problempunkte

Der Beitrag der Kleinfeuerungsanlagen zu den Feinstaubemissionen erreichte in Bayern im Jahr 2000 ca. 6.500 t/a. Dies entspricht **27 %** der gesamten Feinstaubemissionen Bayerns.

Studien wie die vom LfU initiierte *„Erhebung der Emissionssituation von Pelletfeuerungen im Bestand"* zeigen, dass im unmittelbaren Nahbereich emissionsreicher Holzfeuerungsanlagen kritische Immissionsbelastungen erreicht werden können.

4 Biomasse – Lösungsvorschläge

Die Novellierung der 1. BImSchV (Verordnung über kleinere und mittlere Feuerungsanlagen – 1. BImSchV) ist endlich auf dem Weg:

- Ein Arbeitsentwurf vom 28.02.2007 liegt vor.
- Ein Bund/Länderfachgespräch hat am 14.03.2007 stattgefunden.
- Der Referentenentwurf ist bald zu erwarten.

Was wird sich nach derzeitigem Kenntnisstand ändern?

Alle **Einzelraumfeuerstätten** bis unter 50 kW (Ausnahme Grundöfen) haben eine Typprüfung einschließlich Wirkungsgradnachweis (70 % - 90 %, je nach Feuerstättenart) zu bestehen;

1. Stufe	**Staub 0,05 - 0,10 g/m³**
	Kohlenstoffmonoxid 0,25 - 3,5 g/m³
2. Stufe	**Staub 0,02 - 0,04 g/m³**
(ab 01.01.2015)	Kohlenstoffmonoxid 0,15 - 1,0 g/m³

***Heizkessel** ab 4 kW (alt 15 kW) im Betrieb*

1. Stufe	**Staub 0,06 - 0,10 g/m³** (*alt 0,15 g/m³* bei 13 % O_2)*
	Kohlenstoffmonoxid 0,4 - 1,0 g/m³ (alt 0,5 - 4 g/m³ bei 13 % O_2)
2. Stufe	**Staub 0,02 g/m³**
(ab 01.01.2015)	Kohlenstoffmonoxid 0,4 g/m³

***Einzelraumfeuerstätten** von 15 kW bis unter 50 kW im Betrieb*

Die Kohlenstoffmonoxid-Emission darf 3 g/m³ nicht überschreiten.

Ursprünglich war vorgesehen, die Emissionswerte auf 11 % O_2 zu beziehen. 0,10 g/m³ bei 11 % O_2 entsprechen 0,08 g/m³ bei 13 % O_2. Ein Bezug auf 11 % O_2 hätte damit eine zusätzliche Verschärfung zur Folge gehabt. Nach den uns vorliegenden Informationen soll davon jedoch Abstand genommen werden.

Sonderregelungen:

Nach dem 01.01.2010 errichtete *Grundöfen* sind mit bauartzugelassenen Staubminderungseinrichtungen auszurüsten oder der Nachweis ist zu erbringen, dass die Staubkonzentration im Abgas 0,04 g/m³ nicht überschreitet.

Offene Kamine dürfen nur gelegentlich betrieben werden. Für *Getreidefeuerungsanlagen* (zulässig sind nur automatisch beschickte Anlagen) ist eine Typprüfung erforderlich: Polychlorierte Dioxine und Furane 0,1 ng/m³, Stickstoffoxide, als Stickstoffdioxid 0,6 g/m³ bis 31.12.2014, danach 0,5 g/m³.

Ein *Betreiber einer handbeschickten Feuerungsanlage für feste Brennstoffe* hat sich innerhalb eines Jahres nach der Errichtung oder nach einem Betreiberwechsel durch den Bezirksschornsteinfegermeister zur sachgerechten Bedienung der Feuerstätte, der ordnungsgemäßen Lagerung des Brennstoffes sowie über die Besonderheiten beim Umgang mit festen Brennstoffen beraten zu lassen.

Feuerungsanlagen mit Wasserkessel benötigen mindestens einen Wasser-Wärmespeicher von 55 Liter pro Kilowatt Nennwärmeleistung, um einen Betrieb bei Volllast sicherzustellen (Ausnahme falls die Anlage nur zur Grund- und Mittellastabdeckung dient).

Überwachung: Alle Anlagen ab 4 kW (Einzelraumfeuerstätten ab 15 kW) sind durch den Bezirkskaminkehrermeister zu überwachen:

- Abnahmemessung
- Alle 2 Jahre ist eine Wiederholungsmessung fällig.
- Bei Einzelraumfeuerstätten < 15 kW ist der ordnungsgemäße technische Zustand alle 5 Jahre zu überwachen.

Keine Messung ist für Feuerungsanlagen mit einer Nennwärmeleistung < 8 kW erforderlich, die ausschließlich der Warmwasserbereitung dienen.

5 Ausblick

Bei *Biogas* sind die Problempunkte Gerüche und eine ggf. negative Klimabilanz durch staatliches Handeln in den Griff zu bekommen.

Bei *Biomasse (Holz)* ist der Problempunkt Feinstaub ebenfalls durch staatliches Handeln in den Griff zu bekommen. Massive Angriffe des Bauernpräsidenten zur Novellierung der 1. BImSchV werden daran nichts ändern. Auch die Land- und Forstwirtschaft benötigt Akzeptanz für „ihren" Brennstoff. Torpediert wird vor allem die Altanlagenregelung. Eine wirksame Reduktion der Feinstaubemissionen ist jedoch nur erfolgreich, wenn auch die Altanlagen mit einbezogen werden.

Abschließend möchte ich noch auf ein besonderes Problem bei den Biotreibstoffen hinweisen, die nicht Inhalt dieses Vortrages waren:

Palmöl aus Indonesien und Malaysia kann nach Prof. Siegert von der Uni München gerechnet über einen Zeitraum von 20 Jahren einen mindestens bis zu **25 mal** höherer Ausstoß von CO_2 zur Folge haben als Dieseltreibstoff, wegen der Vernichtung von bis zu 18 m dicken Torfflözen zur Gewinnung der Anbauflächen. Danach ist erst nach mindestens 500 Jahren mit einer neutralen Bilanz zu rechnen. Hier ist staatliches Handeln dringend erforderlich durch zum Beispiel Teilaufhebung der euphorisch eingeführten Vergütung für erneuerbare Energien.

Gehen Sie mit uns auf Nummer sicher!

- Gasanalyse
- Automatisierung
- Messtechnik

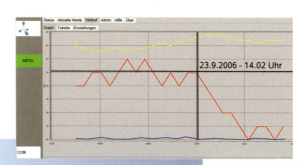

Awite
Bioenergie GmbH

Angerstr. 9a
D-85416 Langenbach/Niederhummel
Tel +49 (0) 87 61/72 200-60
Fax +49 (0) 87 61/72 200-59
E-Mail info@awite.com
http:// www.awite.com

Martin Faulstich, Stephan Prechtl [Hrsg.]

Verfahren & Werkstoffe für die Energietechnik: Band 3

Biomasse, Biogas, Biotreibstoffe... Fragen & Antworten

Wie wird sich der europäische Anlagenmarkt entwickeln?

Dipl.-Ing. Anton Mederle

Thöni Industriebetriebe GmbH

Telfs, Österreich

ATZ Entwicklungszentrum, Sulzbach-Rosenberg

Verlag Förster Druck und Service, Sulzbach-Rosenberg

Zusammenfassung

Der Industrieanlagenbau liefert Anlagen insbesondere in folgende Industriebereiche:

- Abfallbehandlung
- Automobilindustrie
- Bau- und Baustoffindustrie
- Bearbeitung von Werkstücken
- Chemische und pharmazeutische Industrie
- Druck- und Papiertechnik
- Elektronikindustrie
- Elektrotechnik
- Energiewirtschaft (Energieerzeugung, -übertragung und -verteilung)
- Förderung, Umschlag, Logistik
- Gebäudetechnik
- Holzbe- und -verarbeitung
- Kunststoff- und Gummiindustrie
- Luftreinhaltung
- Metallgewinnung und -bearbeitung
- Nahrungsmittelindustrie
- Rohstoffgewinnung, -förderung und -aufbereitung
- Textilindustrie
- Verpackungsindustrie
- Wasser- und Abwasserbehandlung
- Zellstoff- und Papierindustrie

(Aufzählung alphabetisch, keine Anspruch auf Vollständigkeit)

Besondere Managementkompetenzen des Industrieanlagenbauers sind: Projektmanagement, Risikomanagement, Gestaltung internationaler Verträge, Lieferantenmanagement, Logistik, After Sales Service, Garantie- und Gewährleistungsmanagement.

Der Maschinen- und Anlagenbau ist eine starke Branche in der EU

Diese Branche zählt zu den größten Industriezweigen und ist – neben der Ernährungsindustrie – der bedeutendste industrielle Arbeitgeber. Gut ein Zehntel trägt er zur Wertschöpfung der gesamten EU-Industrie bei. Am Standort EU sind im Maschinenbau rund 24.500 Unternehmen tätig, die insgesamt 2,6 Millionen Arbeitnehmer beschäftigen und im Jahr 2005 Maschinen und Anlagen im Wert von 420 Milliarden Euro produzierten.

Der EU-Maschinenbau ist mit diesen Kennzahlen in zweierlei Hinsicht herausragend: Innerhalb des Weltmaschinenbaus ist die Europäische Union das führende Fertigungszentrum und innerhalb der EU ist die Branche einer der bedeutendsten Industriezweige.

Als ausgesprochen stärkste Maschinenbau-Region in der EU erweist sich Baden-Württemberg. Hier arbeiten 25 von Tausend Einwohnern im Maschinenbau. Auch für die Emilia-Romagna in Norditalien errechnet sich ein solch hoher Wert. Dahinter folgen Regionen in Schweden, in Tschechien sowie in Bayern.

Das höchste Konzentrationsmaß in der EU auf der Länderebene weist die Tschechische Republik aus. Hier arbeiten 15 von Tausend Einwohnern im Maschinenbau. Es folgen Schweden (13,2), Slowenien (12,4), Dänemark (11,6), Deutschland (11,5), Finnland (11,2) sowie Italien und Österreich (jeweils 9,8). Mit diesen Raten liegen die Länder weit über dem Durchschnitt der EU25, der bei 7,2 steht. Bereits vor dem EU-Beitritt Tschechiens haben vor allem deutsche, aber auch österreichische Unternehmen arbeitsintensive Produktionsbereiche in das östliche Nachbarland verlagert. Dadurch sind im tschechischen Maschinenbau verglichen mit dem Produktionsausstoß immer noch überdurchschnittlich viele Menschen beschäftigt.

Vergleicht man die Ergebnisse mit den Daten früherer Jahre fällt auf, dass vor allem in Schweden und Slowenien die Bedeutung des Maschinenbaus zugenommen hat. In Schweden ist die Kennzahl von 11,7 (2000) auf jetzt 13,2 gestiegen. Dort wuchs infolge des kräftigen Umsatzzuwachses auch die Zahl der Maschinenbaubeschäftigten.

In Dänemark hat die Kennzahl deutlich abgenommen: von 13,2 (2000) auf jetzt 11,6. In Deutschland hingegen nur leicht abgenommen, von 11,9 (2000) auf jetzt 11,5. In beiden Fällen dürfte neben der Verlagerung von Produktion ins Ausland, der Nachfrageflaute in den Jahren 2002 und 2003 auch der Beschäftigungsabbau zur Erhöhung der Arbeitsproduktivität am jeweiligen Standort eine Rolle spielen. Deutlich abgenommen hat die Bedeutung des Maschinenbaus im Ursprungsland der industriellen Revolution, im Vereinigten Königreich, von 8,6 (2000) auf jetzt 5,0. Technologisch hat der britische Maschinenbau bereits seit mehr als einem Jahrzehnt den Anschluss verloren und international Bedeutung eingebüßt.

EU im Weltmaschinenhandel die Nummer Eins

Rund zwei Drittel der Maschinenproduktion verbleibt innerhalb der EU-Länder. Ein Drittel der EU-Maschinenproduktion wird in Länder außerhalb der Gemeinschaft verkauft. Mit diesem Liefervolumen, das 2005 rund 146 Milliarden Euro betrug, hat die EU im Weltmaschinenhandel eine eindeutige Dominanz, vor den USA (70 Mrd. EUR) und Japan (69 Mrd. EUR). Aufgrund der Investitionslethargie bis Ende 2005 in den Ländern der EU war das florierende Exportgeschäft außerhalb der Europäischen Union für den Maschinenbau von besonderer Bedeutung, betonte Hesse.

Deutschland führender Maschinenbau-Standort in Europa

Deutschland ist mit einem Produktionsanteil von 39 % der führende Standort im EU-Maschinenbau, gefolgt von Italien (16 %), Frankreich (11 %) und Großbritannien (9 %). Alle vier großen EU-Mitgliedsstaaten zusammengenommen erbringen fast vier Fünftel der EU-Produktion. Das Ranking, das für die Branche insgesamt gilt, finden wir in fast allen Sektoren wieder, nach denen wir den Maschinenbau EU-weit differenziert betrachten können.

Fördertechnik mit großem Abstand Nummer eins

Die Fördertechnik hat sich Anfang der neunziger Jahre zur größten Maschinensparte in der EU entwickelt. Da verstärkte Rationalisierungs- und Flexibilisierungsbemühungen in den meisten Industriebranchen seit über einem Jahrzehnt an oberster Stelle der Agenda stehen, konnten sich die Hersteller von Fördertechnik den sonst für den Maschinenbau typischen zyklischen Nachfrageschwankungen fast vollständig entziehen. Das EU-Produktionsvolumen erreichte 2005 in diesem Sektor 50 Milliarden Euro. Erst mit großem Abstand folgen auf den nächsten Plätzen die Bereiche Gewerbliche kälte- und klimatechnische Geräte (37,3 Mrd. Euro) sowie Werkzeug- und Holzbearbeitungsmaschinen (36,8 Mrd. Euro). Letztgenannte Gruppe war bis 1990 das wichtigste Standbein des EU-Maschinenbaus. Maschinenbauer erwarten für 2007 weiteres Wachstum.

Durch ihre Innovationsführerschaft haben die Unternehmen des EU-Maschinenbaus in den zurückliegenden drei Wachstumsjahren voll und ganz an der weltweiten Investitionsgüternachfrage partizipiert. Auch 2007 dürften sie an die guten Vorjahresergebnisse anknüpfen: Der preisbereinigte Umsatzanstieg in der EU wird für 2007 auf rund vier Prozent prognostiziert. Auch für den Maschinenbau am Standort Deutschland rechnet der VDMA mit vier Prozent realem Umsatzplus. Etwas kräftiger dürfte der Maschinenbau-Umsatz in den kleineren Mitgliedsländern sowie Spanien zulegen.

Also alles in allem rosigen Aussichten für den Maschinen- und Anlagenbau in Europa für die nächsten Jahre.

Quellen

[1]   VDMA (Verband Deutscher Maschinen und Anlagenbau mit Zitaten von Dr. Hannes Hesse, Hauptgeschäftsführer)

Martin Faulstich, Stephan Prechtl [Hrsg.]

Verfahren & Werkstoffe für die Energietechnik: Band 3
Biomasse, Biogas, Biotreibstoffe... Fragen & Antworten

Rohstoffverfügbarkeit für die Produktion von Biokraftstoffen in Deutschland und in der EU 25

Prof. Dr. Jürgen Zeddies

Universität Hohenheim
Stuttgart

RA Dietrich Klein
Referent und Auftraggeber der Studie

Landwirtschaftliche Biokraftstoffe e.V.
Berlin

ATZ Entwicklungszentrum, Sulzbach-Rosenberg
Verlag Förster Druck und Service, Sulzbach-Rosenberg

Jürgen Zeddies, Dietrich Klein (Referent)

Zusammenfassung der Feststellungen und Schlussfolgerungen

1. Die Studie befasst sich mit den Auswirkungen des am 23. August 2006 beschlossenen Gesetzes für Biokraftstoffquoten, das die Mineralölwirtschaft verpflichtet, ab 01.01.2007 4,4 % des Absatzes bei Diesel aus Biodiesel und 2 % (ab 2010 3 %) des Absatzes bei Ottokraftstoff aus Biokraftstoff bereitzustellen (Biokraftstoffquoten basieren auf Energieäquivalenten). Unter dem Eindruck überdurchschnittlich hoher Getreidepreise im Jahr 2006 wird die Frage aufgeworfen, ob die Biokraftstoffquoten überhaupt erfüllt werden können.

2. Im vorliegenden Bericht werden die Situation und die Entwicklungen auf dem Kraftstoffmarkt und den Märkten für agrarische Rohstoffe zur Herstellung von Biokraftstoffen analysiert, und darauf aufbauend eine Prognose der Verfügbarkeit von Ölfrüchten und Getreide für die Erzeugung von Biokraftstoffen unter Berücksichtigung der Nutzungskonkurrenz um Flächen für die Biogaserzeugung für 2006 und die Zeitpunkte 2010 und 2020 erstellt. Aus den Ergebnissen werden zusammenfassende Feststellungen und Schlussfolgerungen zu den Auswirkungen des Gesetzes für Biokraftstoffquoten auf die Agrarmärkte gezogen.

3. Das Angebot von Biodiesel, die Kapazitäten der RME-Anlagen und der Ölmühlen sind soweit ausgebaut, das schon im Jahr 2007 die Biokraftstoffquote bei Diesel in Deutschland übererfüllt wird, und bis zum Jahr 2010 ein Anteil bis zu 6 % und bis zum Jahr 2020 bis zu 8 % erreichbar erscheint.

4. Bei Bioethanol reichen die Analagenkapazitäten derzeit nur für einen Anteil am Ottokraftstoffverbrauch von weniger als 2 % aus.

5. Während in vielen EU-Mitgliedstaaten ein deutlicher Zubau von Produktionskapazitäten für Ethanolanlagen erfolgt, ist in Deutschland eher Investitionszurückhaltung zu beobachten. Wenn es nach zuverlässigen Recherchen zu einer Verdoppelung der Ethanolkapazitäten in Deutschland bis zum Jahr 2010 kommt, wird der aus inländischer Produktion bereitzustellende Biokraftstoffanteil am Ottokraftstoffverbrauch 3 % nicht deutlich überschreiten. Die momentane Investitionszurückhaltung liegt allerdings nicht an der Rohstoffversorgung für Bioethanolanlagen.

6. Der extrem niedrige Getreidepreis im Jahr 2005 und der aktuell extrem hohe Getreidepreis im Jahr 2006 sind auf singuläre Ereignisse zurückzuführen. In diesem Jahr liegt der Preisanstieg vor allem an der um 14 Mio. Mg geringeren Getreideernte in der EU-25. Grundsätzlich führt die mit den Luxemburger Beschlüssen weitergeführte Liberalisierung der Getreidemarktordnung zu stärkeren Preisausschlägen in der EU.

7. Auf dem Weltmarkt für Getreide und Ölfrüchte ist mittelfristig zwar mit steigender Nachfrage und auch mit einer Zunahme des Nettohandels und einem leichten Anstieg der Preise aufgrund der Welternährungssituation zu rechnen, nicht aber mit einer deutlichen strukturellen Verknappung, zumindest nicht in den nächsten zwei Jahrzehnten.

8. Für die Auswirkungen der Biokraftstoffquoten auf die Versorgung mit Getreide und Ölsaaten ist primär die Marktsituation in der EU ausschlaggebend. Potenziale zur Deckung einer stärkeren Nachfrage für Biokraftstoffe bilden bisher stillgelegte Flächen und strukturelle Überschüsse, insbesondere bei Getreide, die teilweise interveniert und zu erheblichem Anteil subventioniert exportiert werden. Letzteres wird zukünftig nicht mehr zulässig sein. Im Durchschnitt der letzten Jahre betrug der Nettoexport an Getreide der Bundesrepublik Deutschland mehr als 8 Mio. Mg, und auf obligatorisch stillgelegten Flächen hätte ca. 5 - 6 Mio. Mg Getreide produziert werden können. Mit dieser Getreidemenge hätte derzeit ca. 3,6 Mio. Mg Bioethanol und damit auf energetischer Basis etwa 2,4 Mio. Mg des Ottokraftstoffverbrauchs, entsprechend etwa 10 % substituiert werden können.

9. Zukünftig wird das Potenzial an agrarischen Rohstoffen für die Bioethanolproduktion in Deutschland und in der EU-25 zunehmen. Das liegt an dem stagnierenden Nahrungsmittelverbrauch bei kräftig weiter steigenden Erträgen, insbesondere der potenziellen Energiepflanzen. Bis zum Jahr 2010 werden in Deutschland mehr als 2,5 Mio. ha und bis zum Jahr 2020 mehr als 5 Mio. ha Ackerfläche aus der bisherigen Nahrungsmittelproduktion freigesetzt. Bei anhaltendem Zubau von Biogasanlagen kann von dieser Fläche bis zu 1,8 Mio. ha zur Produktion von Biogas gebunden werden. Realistisch erscheint eine Flächennutzung für Biogasanlagen auf Ackerflächen von maximal 800.000 ha bei gleichzeitiger Verwertung von etwa 1,75 Mio. ha freigesetztem Grünland im Jahr 2020. Unter diesen Bedingungen führen die Berechnungen zu dem Ergebnis, dass die Biokraftstoffquoten für Biodiesel und Bioethanol gleichzeitig erfüllt werden können.

10. Im Jahr 2010 könnten in Deutschland neben etwa 5 % Biodieselquote, 15 % Bioethanolquote und im Jahr 2020 sogar 8 % Biodieselquote und über 40 % Bioethanolquote erreicht werden. Voraussetzung ist, dass hinreichende Investitionssicherheit den Ausbau der Ethanolproduktionskapazitäten ermöglicht. In der EU-25 wird Biodiesel einen Anteil von 2 % im Jahr 2010 und 3 % im Jahr 2020 nicht übersteigen können, demgegenüber reichen die Produktionspotenziale der EU-25 für Bioethanol im Jahr 2010 für eine Quote von ca. 15 % und im Jahr 2020 sogar 40 % aus.

11. Am Markt für Biokraftstoffe besteht eine hohe Politikabhängigkeit. In Deutschland werden die Potenziale aufgrund des Energieeinspeisungsgesetzes mit höherer Priorität für Biogasanlagen genutzt. Eine zu erwartende Freigabe der Getreideverbrennung in Kleinfeuerungsanlagen landwirtschaftlicher Betriebe wird nur vergleichsweise geringe Getreidemengen binden. Eine stärkere Förderung der Getreideverbrennung in Großfeuerungsanlagen würde die Nutzung verfügbarer Potenziale gravierend verschieben. Neue Anlagekapazitäten für BtL konkurrieren voraussichtlich zunächst nicht mit Biodiesel und Bioethanol, weil für BtL Reststroh und Restholz aus Kostengründen vorrangig verwendet werden. Ehrgeizige

12. Naturschutzprogramme können die Versorgungssituation mit nachwachsenden Rohstoffen zwar einschränken, aber nicht gravierend reduzieren.

13. Deutschland übernimmt zwar eine Vorreiterrolle im Bereich von Markteinführungsprogrammen (EEG u.a.). Zubau von Anlagen für Biodiesel und Bioethanol finden verstärkt auch in den benachbarten EU-Mitgliedstaaten statt. Eine ausschließliche Betrachtung der Versorgungssituation mit agrarischen Rohstoffen und Bioenergieträgern des deutschen Marktes ist eine verkürzte Sicht. Berücksichtigt werden müssen auch zollfreie Importquoten, insbesondere für Ethanol aus Mercosur-Staaten. Die zur Verhandlung anstehenden Mengen von 1 Mio. Mg Ethanol würden bei heutigen Rahmenbedingungen wahrscheinlich vorzugsweise nach Deutschland importiert und könnten hier die Biokraftstoffquote am Ottokraftstoffverbrauch im Jahr 2010 theoretisch um bis zu 3 % und im Jahr 2020 um bis zu 4 % steigern.

14. Zusammenfassend ist festzustellen, dass ein höherer Anteil an Biokraftstoffen in absehbarer Zeit weder über Biodiesel, noch über BtL erreicht werden kann, was nicht bedeutet, dass BtL nicht weiter entwickelt werden sollte. Rohstoffressourcen mit hoher Verfügbarkeit sind Getreide und Zuckerrüben neben feuchter Biomasse für Biogasanlagen. Wenn also ein höherer Anteil von Biokraftstoffen angestrebt werden soll, kann das zunächst nur über Bioethanol als ETBE, Beimischung oder Reinkraftstoff erfolgen.

15. Da Ethanol nicht wie reines Pflanzenöl und RME in kleinen und mittleren Anlagen, sondern zur Ausschöpfung der Größendegressionen nur in Großanlagen hergestellt werden kann, geht es bei der Förderung der Biokraftstoffe zukünftig zentral um Anreize für Investitionen in Ethanolanlagen. Hier werden gegenwärtig große Defizite gesehen. Die Steuerbefreiung nur bis 2008, danach Besteuerung gemäß Überkompensation bis 2012 mit großer Unsicherheit bezüglich der steuerlichen Regelung danach ist angesichts der extrem hohen Investition für eine Bioethanolanlage unzureichend. Zudem ist die Entwicklung des Rohölpreises schwer einschätzbar. Stellt sich der Rohölpreis langfristig bei 40 USD/Barrel ein, können Ethanolproduzenten ohne staatliche Förderung eine gesicherte Wirtschaftlichkeit nicht erreichen. Bisher hinausgezögerte WTO-Verhandlungen mit Mercosur-Staaten verunsichern Investoren ebenso, wie das nicht unbeträchtliche Risiko, dass der Einfuhrschutz für Bioethanol aufgehoben oder auf den halben Satz für vergällten Alkohol zurückgeführt wird.

16. Die Potenziale für Biodiesel sind begrenzt und in wenigen Jahren an der Kapazitätsgrenze. BtL wird erst im nächsten Jahrzehnt großtechnisch ausbaubar sein. Der Ausbau bleibt nach derzeitigem Kenntnisstand auf Restholz und Reststroh begrenzt. Damit könnte in Deutschland im Jahr 2020 maximal 10 % des Diesel- und Ottokraftstoffverbrauchs substituiert werden.

17. Der Biokraftstoffanteil aus BtL und Biodiesel bliebe in Deutschland unter 18 %. In den nächsten 10 Jahren bliebe es bei den vergleichsweise niedrigen Biodieselanteilen. Bioethanol ist derzeit die einzige verfügbare Biokraftstofftechnologie, die schnell ausbaufähig wäre und erhebliche Potenziale bieten würde. Deshalb fördern die USA, China und andere Länder Ethanol in viel stärkerem Umfang als Deutschland und einige EU-Mitgliedstaaten.

18. An die Adresse der Politik ist die Frage zu richten, ob die Bioethanolproduktion in gleichem Maße gefördert werden soll wie beispielsweise die Produktion von Biodiesel, Biogas, die Fotovoltaik und andere erneuerbare Energien. Da die auf agrarischen Rohstoffen basierenden Bioenergieketten zukünftig stärker um die Rohstoffe konkurrieren werden, lenkt die hohe Förderung von Biogas mit langfristig garantierten Einspreisungspreisen Investitionen in diesen Bereich, während die vergleichsweise großen Potenziale bei Biokraftstoffen mangels Investitionen in Anlagen nicht ausreichend genutzt werden.

ATRES
engineering biogas

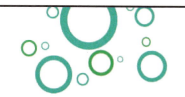

Wofür steht ATRES?

ATRES steht für **A**naerob**T**echnik und **R**egenerative **E**nergie**S**ysteme

Was bietet ATRES?

ATRES bietet als Ingenieurbüro Beratungs- und Labordienstleistungen für die Energiebereitstellung aus organischen Reststoffen, Abwässern und nachwachsenden Rohstoffen durch anaerobe Fermentation zu Biogas.

Konzeptionelle Überarbeitung von Systemen
zur **Abwasserreinigung und Reststoffverwertung**

- Erfassung von Stoff- und Energieströmen
- Qualität und Quantität der Reststoffe
- Aufnahme standortspezifischer Faktoren
- Marktstudien zur Technik- und Technologiebewertung
- Begutachtung und Bewertung systemtechnischer Komponenten
- Umsetzung des **produktionsintegrierten Umweltschutzes (PIUS)**

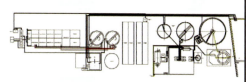

Unterstützung in allen Phasen der **Planung, Errichtung und des Betriebs einer Biogasanlage**

- Potenzialabschätzungen und Vergärungsversuche
- Beratung bei der Standortwahl
- Innovative Konzepte zur Biogaserzeugung
- Prozessbegleitung im Anlagenbetrieb
- Konzepte zur Gärrestbehandlung und Gärrestnutzung

Sonstige Dienstleistungen

- Unternehmenseigenes Labor für nasschemische Untersuchungen
- Akquisition von Fördermitteln und Antragstellung
- Forschungs- und Entwicklungsvorhaben
- Projektkoordination und -moderation
- Mitarbeiterschulungen

Quelle: Perkin Elmer 2007

ATRES
Dipl.-Ing. Gunther Pesta
Schneckenburgerstraße 32
81675 München

T +49 (0)89 39 29 89 50
F +49 (0)89 39 29 89 49
E-Mail: service@atres.info

www.atres.info

Labor im Gründerzentrum Weihenstephan
Lise-Meitner-Str. 30
85354 Freising

T +49 (0)8161 80 60 72
F +49 (0)8161 80 60 70

E-Mail: lab@atres.info

Martin Faulstich, Stephan Prechtl [Hrsg.]

Verfahren & Werkstoffe für die Energietechnik: Band 3
Biomasse, Biogas, Biotreibstoffe... Fragen & Antworten

Heimische Pflanzenarten und deren Eignung als Energie- und Rohstoffpflanzen

Dr. Helmar Prestele

Technologie- und Förderzentrum

Straubing

ATZ Entwicklungszentrum, Sulzbach-Rosenberg

Verlag Förster Druck und Service, Sulzbach-Rosenberg

Zusammenfassung

Ausgehend von der Entwicklung des globalen Energiebedarfs und den Prognosen für dessen Verfügbarkeit ist bei fossiler Energie ab dem Jahr 2025 und bei Atomenergie ab dem Jahr 2030 mit einem Rückgang der Vorräte zu rechnen, während gleichzeitig der weltweite „Hunger" nach Energie steil nach oben steigt. Dieser Mehrbedarf kann nach heutiger Kenntnis nur mit erneuerbaren Energien abgedeckt werden. In diesem Energiemix können die Nachwachsenden Rohstoffe ihren Beitrag leisten.

Prinzipiell können alle in unserer Kulturlandschaft angebauten Acker- und Grünlandkulturen, welche für die tierische und/oder menschliche Ernährung geeignet sind, alternativ auch als Nachwachsende Rohstoffe (NR) Verwendung finden.

Für die Eignung als NR zur energetischen Verwertung ist ein möglichst hoher Ertrag an Trockenmasse pro Flächeneinheit zu fordern, für die stoffliche und energetische Verwertung ist auch die möglichst hohe Konzentration eines Wirkstoffes oder wertgebenden Inhaltsstoffes mit die Voraussetzung für eine erfolgversprechende Verwendung einer Pflanzenart als NR. Im Vortrag werden die Energiepflanzen, je nach ihrer Eignung, in vier Gruppen eingeteilt, Öle als Kraft- und Schmierstoffe, Wärme und Strom aus Biomasse, Ethanol aus Zucker und Stärke, Ethanol und Synfuel aus lignozellulosehaltiger Biomasse. Besonderer Schwerpunkt wird auf die Erzeugung von Wärme und Strom aus Biomasse gelegt. Anhand von Beispielen wird das Ertragspotenzial verschiedener Kulturarten im Reinanbau wie zum Beispiel Getreide, Mais, Ölpflanzen, Hackfrüchten, Sorghumhirse aber auch verschiedene Arten, welche gleichzeitig auf einer Fläche (Mischfruchtanbau) angebaut werden, vorgestellt. Zur Optimierung des Jahresertrages werden mögliche Fruchtfolgen aufgezeigt. Ebenso wird auf die Ertragsleistung von mehrjährigen Arten wie zum Beispiel Chinaschilf eingegangen. Mit einem Ausblick auf neue Technologien, wie zum Beispiel Verflüssigung von fester Biomasse (BtL), werden zukünftige mögliche Perspektiven erörtert.

1 Einleitung

Im Zuge der Technisierung in der Landwirtschaft wurden bis dahin die für Zugtiere benötigten Flächen freigesetzt und standen für die Nahrungs- und Futtermittelproduktion zur Verfügung. Durch kontinuierliche, produktionstechnische Fortentwicklungen und Leistungssteigerungen durch Züchtungsfortschritt in der pflanzlichen und tierischen Produktion kam es sowohl zu regionaler wie auch produktbezogener Überversorgung der Märkte. Durch Kontingentierung (zum Beispiel Milch, Zuckerrübe) und der Einführung von Ackerstilllegungsflächen wurde versucht, die Warenströme besser an Angebot und Nachfrage anzupassen. Zusätzlich führten steigende Energiepreise wieder zur Rückbesinnung auf frühere Zeiten, wo die Energieversorgung der Zugtiere vom eigenen Acker erfolgte. Das Wissen um die Endlichkeit fossiler Rohstoffe schwebt wie ein Damoklesschwert über der Menschheit. Erst unter dem Eindruck der ersten drastischen Ölpreissteigerungen in den Jahren ab 1970 begann man sich wieder mit der Produktion von Biomasse außerhalb des Nahrungsbereichs zu befassen. In einer Studie von Shell wird prognostiziert, dass ausgehend von der derzeitigen Entwicklung des globalen Energiebedarfs, einschließlich der Dritt- und Schwellenländer, und der Verfügbarkeit an fossilen Rohstoffen, bei fossiler Energie ab dem Jahr 2025 und bei Atomenergie ab dem Jahr 2030 mit einem Rückgang der Vorräte zu rechnen ist. Gleichzeitig steigt der weltweite „Hunger" nach Energie steil nach oben an. Dieser Mehrbedarf kann nach heutiger Kenntnis nur mit erneuerbaren Energien abgedeckt werden. In diesem Energiemix können die Nachwachsenden Rohstoffe (NR) ihren Beitrag leisten. Bundesweit werden von den 12 Millionen Hektar Ackerfläche bereits 1,6 Mio. ha als NR angebaut (= 13 %). Bis zum Jahr 2030 sind 2,5 Mio. - 3 Mio. ha als NR prognostiziert.

2 Energiepflanzen

Werden Pflanzen als NR angebaut, so können diese, je nachdem ob sie für die thermische Verwertung, für die Biospritherstellung oder für die Produktion von Biogas vorgesehen sind, eingeteilt werden in die Blöcke

- Öle als Kraft- und Schmierstoffe
- Wärme und/oder Strom aus Biomasse
- Ethanol aus Zucker und Stärke (alkoholische Gärung)
- Ethanol, Syn (Sun)-fuel aus lignocellulosehaltiger Biomasse (LCB-/BtL-Biokonversion)

Besonderer Schwerpunkt wird auf die zweite Gruppe, auf die Erzeugung von Wärme und Strom aus Biomasse, gelegt. Prinzipiell können alle in unserer Kulturlandschaft angebauten Acker- und Grünlandkulturen, welche für die tierische und/oder menschliche Ernährung geeignet sind, alternativ auch als Nachwachsende Rohstoffe (NR) Verwendung finden. Für die Eignung als NR zur energetischen Verwertung ist ein möglichst hoher Ertrag an Trockenmasse pro Flächeneinheit zu fordern, für die stoffliche und energetische Verwertung ist auch die möglichst hohe Konzentration eines Wirkstoffes oder wertgebenden Inhaltsstoffes mit die Voraussetzung für eine erfolgversprechende Verwendung einer Pflanzenart als NR.

2.1 Öle als Kraft- und Schmierstoffe

In der ersten Gruppe der Öle als Kraft- und Schmierstoffe sind nur Pflanzenarten mit Fettsäuren enthalten. Der Winterraps nimmt hier die dominierende Stellung ein. Aus Fruchtfolgegründen ist nach Abzug von Sonder- und Dauerkulturen ein Fruchtfolgeanteil von 20 % bis maximal 25 % der limitierende Faktor. Von den heimischen Ölpflanzen hat nur noch die Sonnenblume regionale Bedeutung. Leindotter, Lein, Hanf und die aus dem Heil- und Gewürzpflanzenanbau bekannten Arten wie Koriander, Ringelblume, Fenchel und Petersilie werden in begrenztem Umfang zu Spezialölen verarbeitet. Die Reihenfolge der Wertschöpfung nimmt von der Verwertung als Nahrungsmittel über den stofflichen Bereich zum mobilen Einsatz ab.

2.2 Wärme und/oder Strom aus Biomasse

Im zweiten Block, der Erzeugung von Wärme und Strom aus Biomasse, sind vorrangig die landwirtschaftlichen Kulturen angesiedelt, welche in Mitteleuropa heimisch sind. Sie enthalten an wertgebenden Inhaltsstoffen Kohlenhydrate, Fette und Eiweiß in unterschiedlichen Konzentrationen. Darunter fallen Getreide, Mais, Ölpflanzen, Hackfrüchte und der Feldfutterbau einschließlich Grünland. Als Co-Substrat werden sie zurzeit vorrangig in Biogasanlagen zur Erhöhung des Methanertrages verwendet. Bei der direkten thermischen Verwertung können technische Probleme wie zum Beispiel erhöhte Feinstaubanteile im Abgas oder Schlackenbildung wegen niedrigerer Ascheschmelzpunkte auftreten. Auch muss die Bauart der Feststoffbrenner an die unterschiedliche Biomasse angepasst sein. Holz aus dem Wald oder aus Schnellwuchsplantagen ist die bessere und einfacher zu handhabende Alternative.

In Bild 1 ist der Methanertrag in m^3/Mg organischer Trockenmasse verschiedener Kulturarten aufgezeigt, in Bild 2 der gesamte Methanertrag in m^3/ha. Dabei fällt deutlich auf, dass sich die pro Kubikmeter erzeugten Methanerträge nur um den Faktor zwei unterscheiden (Abb. 1 Markstammkohl zu Futterrüben einschl. Blätter), während der Methanertrag pro ha bis zum fünffachen differiert (Abb. 2 Raps zu Futterrüben einschl. Blätter).

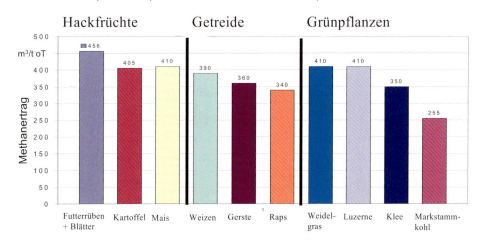

Bild 1: Methanerträge landwirtschaftlicher Kulturen in m^3/Mg oT

Heimische Pflanzenarten und deren Eignung als Energie- und Rohstoffpflanzen

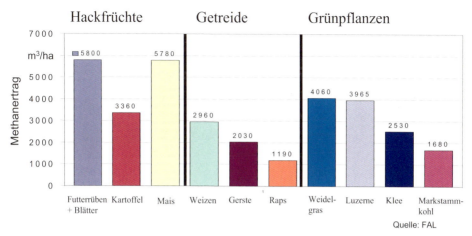

Bild 2: Methanerträge landwirtschaftlicher Kulturen in m³/ha

Mais

Der Einfluss des TS-Gehaltes in der Gesamtpflanze ist für drei Maissorten in der Bild 3 in m³/Mg organischer Trockenmasse, in Bild 4 in m³/ha wiedergegeben. Jede Sorte hat ein genetisch festgelegtes TS-Optimum. Nach Überschreiten dieses Optimums fällt der Methanertrag in m³/Mg oT sehr stark ab, durch weiteren Ertragszuwachs ist die Auswirkung auf den gesamten Methanertrag in m³/ha wesentlich geringer.

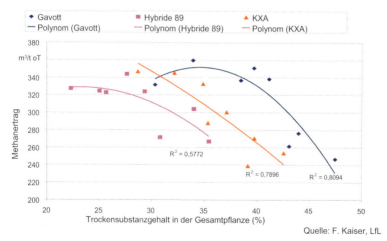

Bild 3: Methanerträge verschiedener Maissorten in Abhängigkeit vom TS-Gehalt in der Gesamtpflanze in m³/Mg oT

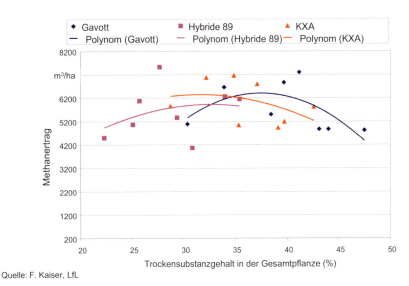

Quelle: F. Kaiser, LfL

Bild 4: Methanerträge verschiedener Maissorten in Abhängigkeit vom TS-Gehalt in der Gesamtpflanze in m³/ha

Sorghumhirse

Eine weitere, vielversprechende Fruchtart betrifft die Sorghumhirse, welche die Fruchtfolge erweitert und als Alternative und Ergänzung – nicht als Konkurrent – zu Mais zu sehen ist. Sie hat ein hohes Ertragspotenzial, ist spätsaatverträglich und bietet sich auch wegen größerer Trockentoleranz als Folgefrucht nach einer winterannuellen Frucht (zum Beispiel Getreide, Raps, Rübsen, Erbsen) an, welche als Ganzpflanze geerntet wurde. Ein weiterer Vorteil besteht in der Verwendung von herkömmlichen Anbau- und Ernteverfahren. In einem ersten Sortenscreening wurden 2006 am TFZ 200 verschiedene Sorten weltweit geordert und im Straubinger Gäu in einem Versuch angebaut. In Bild 5 sind die Ertragsergebnisse, gruppiert nach Wuchstypus, aufgezeigt. Als Referenzkultur diente der Mais, welcher bei ortsüblicher optimaler Intensität im Durchschnitt 267 dt/ha an Trockenmasse brachte, bei einem Wassergehalt von 32 % TS. Beim Vergleich der Erträge Mais zu Sorghumhirse ist zu beachten, dass der Mais am 03.05.2006, also 35 Tage früher gesät wurde als die Hirse.

Im Durchschnitt fallen die Erträge bis auf die Korntypen kaum voneinander ab. Allerdings sind die Schwankungen innerhalb einer Gruppe beachtlich. Einige Spitzensorten kommen sehr nahe an den Mais heran. Für eine optimale Silage wären TS-Gehalte zwischen 25 % und 28 % wünschenswert. Wie in Tabelle 1 zu sehen ist, erreichen von den hochertragreichen Typen nur die Sudangräser im Durchschnitt diesen Wert.

Tabelle 1: Trockenmasseertrag (dt/ha) und TS-Gehalt (%) verschiedener Wuchstypen von Sorghumhirse, Ernte 2006 Straubing

Wuchstyp	TM-Ertrag (dt ha^{-1})	TS (%)
Sudangras	185 (159 - 228)	26,0 (24,0 - 27,0)
Mehrschnitt	192 (138 - 277)	23,0 (16,6 - 28,6)
Einschnitt	190 (133 - 259)	20,9 (17,1 - 24,6)
Zucker	194 (154 - 253)	21,2 (18,0 - 28,5)
Körner	140 (108 - 170)	25,9 (22,0 - 32,4)
Saattermin: 8. Juni, 35 Tage nach Mais		
Mais: 221 - 310 dt ha^{-1}		

Mischfruchtanbau

Eine weitere Möglichkeit der Biomasseerzeugung ist im Mischfruchtanbau zu sehen, wo auf einer Fläche zeitgleich mehrere Kulturen angebaut werden. Man erwartet sich eine verbesserte Nutzungselastizität gegenüber Reinsaaten und positive, sich ergänzende Wechselwirkungen. Durch die Kombination von kohlenhydrat-, eiweiß- und fetthaltigen Arten ist eine optimierte Zusammensetzung der Inhaltsstoffe für die Biogasproduktion zu erhoffen. Die Erweiterung des Artenspektrums trägt außerdem zur Biodiversität bei.

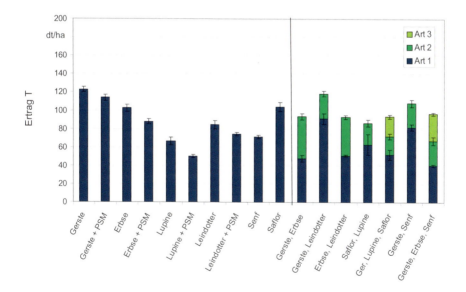

Bild 5: Trockenmasseerträge (dt/ha) von Rein- und Mischkulturen, Sommerung Aholfing 2006

Wie in Bild 5 ersichtlich ist, lieferten die geprüften Gemenge in keinem Fall höhere Erträge als die ertragsstarken Mischungspartner im Reinanbau. Eine Berechnung der theoretischen Gasausbeute ergab beim Sommergerste-Leindottergemenge trotz des leicht geringeren Gesamtertrages geringfügig höhere Methanerträge als die ertragreichere Sommergerste allein. Dies dürfte auf die energiereichere Zusammensetzung der Inhaltsstoffe der Fettsäuren beim Leindotter zurückzuführen sein.

Mehrfachanbau (Zweikultur-Nutzungssystem)

Unter dem Begriff Mehrfachanbau oder Zweikultur-Nutzungssystem ist nichts anderes zu verstehen als an einen Standort angepasste, optimale Fruchtfolge über mehrere Vegetationsperioden, mit dem Ziel der nachhaltigen Produktion (hohe Trockenmasseerträge) und einer möglichst langen Bodenbedeckung durch die Kulturarten. Dabei wechseln sich vorrangig winterannuelle C3-Pflanzen mit sommerannuellen C4-Pflanzen in der Fruchtfolge ab. Überwiegend erfolgt die Ernte als Ganzpflanze (Stadium der Teigreife) zur Silagebereitung. Aus pflanzenbaulichen Gründen können einzelne Fruchtfolgeglieder auch als Verkaufsfrucht dienen. Für die Fruchtartenzusammenstellung sind außerdem regionale Differenzierung, betriebliche Voraussetzung und die Konkurrenzsituation der Kulturen zu berücksichtigen. Grundvoraussetzung für die Etablierung der Zweitfrucht ist im Juni eine ausreichende Wasserversorgung. Um ausreichende TS-Gehalte der Zweitkultur sicherzustellen, ist auf eine rechtzeitige Ernte der Erstkultur zu achten.

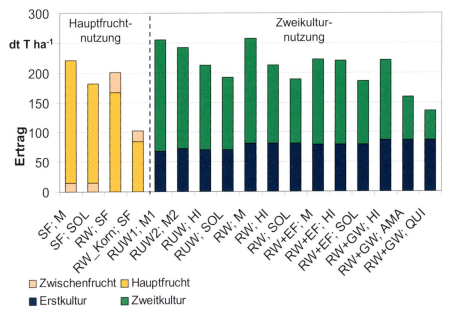

Bild 6: Trockenmasseerträge der einzelnen Kulturen im Versuch zum Zweikultur-Nutzungssystem in 2006. Die Bezeichnung der Kulturen auf der Abszisse wurde entsprechend den Kürzeln des Bundessortenamts gewählt, ergänzend steht ‚QUI' für Quinoa. Dargestellt sind arithmetische Mittelwerte mit n = 2 und n = 4, da zur besseren Übersicht teilweise verschiedene Sorten zusammengefasst wurden

Als Zweitkulturen wurden Mais, Sorghumhirse, Sonnenblumen, Amarant und Quinoa geprüft (Bild 6). Die beiden erstgenannten waren die ertragreichsten Zweitfrüchte. Wegen lückiger Bestände waren die Erträge der Sonnenblumen und der Sonnenblumengemenge nicht befriedigend, das gleiche gilt für Amarant und Quinoa. Die Erträge in der Hauptfruchtnutzung fallen höher aus als bei der Zweikulturnutzung. Werden jedoch die Erträge im Zweikulturnutzungssystem aufaddiert, so können höhere Flächenerträge erzielt werden.

Mehrjährige Arten

Von den perennierenden Arten sind an dieser Stelle Miscanthus, Topinambur, Switchgras, Rohrglanzgras, Rumex und Arundo Donax genannt und Miscanthus als Beispiel herausgegriffen. Er eignet sich nicht nur wegen seiner hohen Ertragsleistungen, sondern auch wegen seiner vielseitigen Verwertungsmöglichkeiten als NR. Er ist auch keine Konkurrenz zu Nahrungs- und Futtermitteln. Energetisch lässt er sich in gehäckselter Form in Feuerungsanlagen verbrennen, welche für stroh- und strohähnliches Material geeignet sind. Da das Material bei der Ernte im Frühjahr über Winter abgereift und trocken ist, dürfte es sich auch – in die Zukunft gesehen – sehr gut eignen für eine LCB-Synthese als flüssiger Treibstoff. Stofflich wird Miscanthus als Tiereinstreu vornehmlich von pferdehaltenden Betrieben nachgefragt. Die Schiene als ökologischer Baustoff im Holzständerbau als lose Schüttdämmung in die Zwischenräume oder zur Beplankung für Wände ist im Aufbau. Weiterhin bietet Miscanthus, da er über Winter auf dem Feld stehen bleibt, dem Wild einen hervorragenden Schutz und stellt somit eine Pufferzone zwischen Wald und Feld dar. Verwendung findet Miscanthus auch als Mulchmaterial in mehrjährigen Kulturen oder im Landschaftsbau. Insgesamt gesehen ist Miscanthus eine Low-Input-Pflanze (wenig Dünger, nach Etablierung kein Pflanzenschutz) und eignet sich auch wegen seiner tiefgehenden Durchwurzelung für ökologisch sensible Flächen wie zum Beispiel in Wasserschutzgebieten. In Bild 7 sind für den Versuchsstandort Freising die langjährigen Erträge seit 1991 in Mg/ha Trockenmasse aufgetragen. Zusätzlich sind der Einfluss der Stickstoffdüngung (0,75 und 150 kg/ha) und der Halbjahreswert der Niederschläge in mm abgebildet. Die jährlichen Ertragsschwankungen und die Wirkung der N-Düngung sind deutlich zu sehen. Ein direkter Zusammenhang zwischen Ertrag und Niederschlagsmenge ist an diesem Standort nicht zu erkennen. Am Standort in Veitshöchheim zum Beispiel ist bei den Stickstoffstufen, die von 0 bis 250 kg/ha gehen, keinerlei Einfluss der N-Düngung auf den Ertrag zu erkennen.

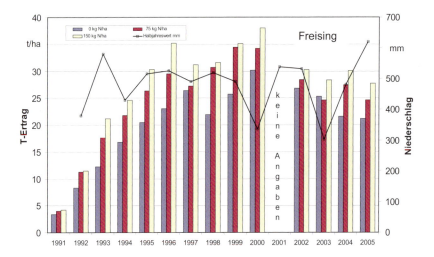

Bild 7: Trockensubstanzertrag bei Miscanthus in Abhängigkeit von Jahr und Stickstoffdüngung seit 1991 einschließlich der Halbjahreswerte an Niederschlag in mm, Standort Freising

2.3 Ethanol aus Zucker und Stärke (Alkoholische Gärung)

In diese Gruppe fallen die stärke- und zuckerhaltigen Pflanzen wie zum Beispiel Getreide, Körnermais, Kartoffeln, Topinambur, Zuckerrüben und Zuckerhirse. In Bild 9 sind die Ethanolausbeuten genannter Kulturen in 1.000 l/ha zu finden. In diesem Vergleich schneidet die Zuckerrübe mit ca. 6.600 l/ha am besten ab, gefolgt von Topinambur mit 5.000 l.

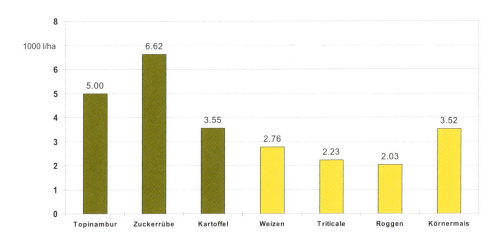

Quelle: Schriftenreihe NWR, Band 21, Schmitz, N. (2003)

Bild 8: Ethanolausbeute verschiedener Kulturen in 1000 l/ha

2.4 Ethanol, Syn (Sun)-fuel aus lignocellulosehaltiger Biomasse (LCB-/BtL-Biokonversion)

Die LCB-/BtL-Biokonversion, auch wenn diese noch etwas in die Zukunft gerichtet ist, könnte die Chance bieten, Biomasse als NR zu verarbeiten. Es bietet sich nicht nur intensiver ein- und mehrjähriger Energiepflanzenanbau auf Acker- und Grünland an, sondern es könnte auch eine sinnvolle Restverwertung von extensiveren Flächen sein, deren Aufwüchse für Biogasanlagen ungeeignet sind und durch zum Beispiel Betriebsaufgaben oder durch Aufgabe eines Betriebszweiges wie der Milchviehhaltung aus der Bodenproduktion ausscheiden. Ebenso könnten agrarische und organische Reststoffe wie Stroh, Nebenprodukte aus dem Getreide-, Raps-, Zuckerrüben-, Kartoffelanbau oder sonstige Kulturen, Grüngut und Grüngutabfälle ebenso wie Holzabfälle und Altpapier über diese Schiene zu Energie und Beiprodukten wie Fasern, Eiweiß, Stärke, Zucker und Fetten verarbeitet werden. In Bild 9 sind mögliche Verwertungspfade aufgezeigt.

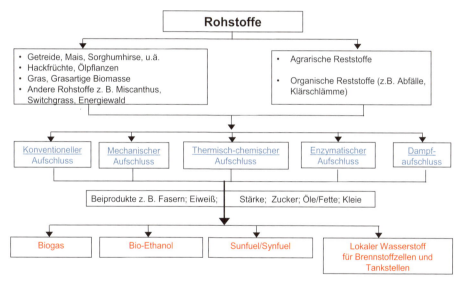

Bild 9: Umwandlungspfade lignozellulosehaltiger Biomasse (LCB)

3 Fazit

Aus der heimischen Bodenproduktion sind zahlreiche Pflanzenarten etabliert, welche für die Food-, Feed oder Non-Food-Verwertung geeignet sind und prinzipiell um die vorhandene Fläche konkurrieren. Für die aufgezeigten Verwertungsschienen als NR sind keine speziell designten Fruchtarten notwendig. Durch züchterische Bearbeitung können sowohl ertraglich, als auch von den wertgebenden Inhaltsstoffen die Pflanzen an die technischen Anforderungen angepasst werden. Alternativ muss sich auch die Anlagentechnik an der Genetik der Pflanzen orientieren. Die Berücksichtigung der Nachhaltigkeit der Bodenproduktion, im Hinblick auch auf die Klimaveränderungen, regional angepasst – Stichwort Wasserhaushalt –, ist dabei oberstes Gebot.

Martin Faulstich, Stephan Prechtl [Hrsg.]
Verfahren & Werkstoffe für die Energietechnik: Band 3
Biomasse, Biogas, Biotreibstoffe... Fragen & Antworten

Was kann die Biomasse in Deutschland leisten?

Prof. Dr.-Ing. Martin Faulstich
M.Sc. Kathrin Greiff

Sachverständigenrat für Umweltfragen
Berlin

ATZ Entwicklungszentrum, Sulzbach-Rosenberg
Verlag Förster Druck und Service, Sulzbach-Rosenberg

1 Einleitung

Der Klimaschutz ist in den letzen Jahren immer stärker zu einem zentralen Thema der Umweltpolitik geworden. Energie aus Biomasse hat die wichtigste Bedeutung innerhalb der Erneuerbaren Energien, die zur Reduktion von Treibhausgasen beitragen. Durch die gesteigerte Bedeutung der Bioenergie hat sich der Sachverständigenrat für Umweltfragen (SRU) im ersten Halbjahr des Jahres 2007 diesem Thema gewidmet. Der folgende Beitrag basiert auf dem Gutachten des SRU und fasst einige wichtige Aspekte zusammen [1].

Bei der Biomasse handelt es sich um biogene Rohstoffe aus der Land- und Forstwirtschaft (so genannte Nachwachsende Rohstoffe) und um biogene Reststoffe, die stofflich oder energetisch genutzt werden.

Diese Ressource bietet vielfältige stoffliche und energetische Nutzungsmöglichkeiten. Die Diskussion um die energetische Nutzung von Biomasse wird allerdings zunehmend durch Schlagworte wie „unerschöpflich" und „unendlich" charakterisiert. Der Eindruck, Biomasse könne in wenigen Jahren die fossilen Rohstoffe fast vollständig ersetzen und den Treibhauseffekt nachhaltig eindämmen, hat seinen Ursprung jedenfalls nicht in wissenschaftlichen Analysen.

Mit der Biomassenutzung verbinden sich konkrete Zukunftserwartungen verschiedener Branchen. Derzeit steht die Nutzung als Strom, Wärme und Kraftstoff im Vordergrund. Biogene Ressourcen werden jedoch weiterhin in der Lebensmittelindustrie sowie für zahlreiche stoffliche Anwendungen (Papier, Chemie, Textilien, Möbel usw.) genutzt. Die unterschiedlichen Interessen, die mit der Biomassenutzung verbunden sind, spiegeln die Zielkonflikte der derzeitigen Agrar-, Energie- und Umweltpolitik und der damit verbundenen segmentierten Förderlandschaft wieder. In Anbetracht der globalen Bedrohungen durch den Klimawandel sowie der von Deutschland freiwillig und explizit eingenommenen Vorreiterrolle im Klimaschutz und auf der Grundlage seiner Position zum Klimaschutz sollte die Reduktion von Treibhausgasemissionen derzeit und für die nähere Zukunft als wichtigstes Ziel der Biomassenutzung gesetzt werden. Der Anbau und die Nutzung von Biomasse sollten demnach an diesem Ziel gemessen werden.

Es liegt auf der Hand, dass die Nutzung der land- und forstwirtschaftlichen Flächen für Nahrungsmittel, Rohstoffe sowie für Energie (Wärme, Strom und Mobilität) zwangsläufig zu Nutzungskonkurrenzen bezüglich der begrenzten Anbaufläche führen muss. Zudem wird die Gewinnung und Nutzung von Biomasse weitgehend als dezentrale Technologie wahrgenommen und gilt daher von vornherein als umweltverträglich und nachhaltig. Diese Annahme erscheint allerdings bei den ambitionierten politischen Zielen fragwürdig, da diese dazu führen, dass Biomasse importiert und damit die internationale Perspektive berücksichtigt werden muss.

Im Folgenden soll gezeigt werden, was Biomasse zur energetischen Nutzung in Deutschland beitragen kann, indem die Chancen, aber auch die Grenzen der Biomassenutzung beleuchtet werden. Dazu werden zunächst die vielfältigen verschiedenen Nutzungsmöglichkeiten dargelegt und der daraus resultierende Biomassebedarf erörtert und mit dem Biomassepotenzial in Deutschland verglichen. Anschließend werden die Umweltauswirkungen sowohl bei der Gewinnung als auch bei der Nutzung von Biomasse dargestellt. Weiterhin werden die derzeitigen wie zukünftigen politischen Ziele betrachtet und ein Fazit hinsichtlich dieser Rahmenbedingungen gezogen.

2 Biomasse und deren Nutzungsmöglichkeiten

Biomasse zur energetischen und stofflichen Nutzung fällt einerseits in der Form von biogenen Reststoffen an, andererseits kann sie durch den Anbau von so genannten nachwachsenden Rohstoffen erzeugt werden. Tabelle 1 gibt einen Überblick über biogene Roh- und Reststoffe.

Tabelle 1:   Übersicht über die Herkunft von Biomasse [1] nach [3]

Nachwachsende Rohstoffe	Biogene Reststoffe
- Energiepflanzen (zum Beispiel Mais, Raps, Zuckerrüben, Gräser, Getreide, Sonnenblumen, Pappeln, Weiden usw.) - Biogene Rohstoffe zur stofflichen Nutzung (Ölpflanzen, Faserpflanzen, stärkehaltige Pflanzen) - Aufwuchs von Grünlandflächen - Waldholz	-Landwirtschaft: Ernterückstände (Stroh), Gülle usw. -Forstwirtschaft: Schwachholz, Waldrestholz usw. -Holz- und Papierwirtschaft: Altholz, Papierschlämme usw. -Landschaftspflege: Grünschnitt, Gehölzschnitt usw. -Tierkörperverwertung: Schlachtabfälle, Tierfette usw. -Lebensmittel- und Genussmittelindustrie: Kartoffelschlempe, Biertreber, Melasse, Apfeltrester -Abfallwirtschaft: Biogener Anteil im Restabfall, Speiseabfälle, Deponiegas von Abfalldeponien -Abwasserwirtschaft: Klärschlamm, Klärgas

Die Nutzungskette von Biomasse umfasst die Produktion bzw. Gewinnung der Rohstoffe, die Bereitstellung, verschiedene Aufbereitungsschritte und die anschließende Nutzung. Für Biomasse sind die zwei Nutzungswege energetische und stoffliche Nutzung möglich. Die energetische Nutzung dient dabei der Bereitstellung von Kraft, Wärme und Strom, wohingegen mit der stofflichen Nutzung Produkte für den materiellen Gebrauch erzeugt werden. Da beide Nutzungspfade auf die im weitesten Sinne gleichen Rohstoffe zurückgreifen, besteht zwischen ihnen eine Konkurrenzsituation. Darüber hinaus existiert noch die Konkurrenz zwischen diesen beiden Nutzungspfaden und der Nahrungs- und Futtermittelerzeugung.

2.1   Energetische Nutzung

Die Möglichkeiten zur Bereitstellung von Energie aus Biomasse sind vielfältig. Als prinzipielle Wege existieren physikalisch-chemische Verfahren, wie Pressung und Extraktion, biochemische Umwandlungsverfahren, zum Beispiel zu Ethanol oder Biogas, und die thermochemischen Verfahren Pyrolyse, Vergasung und Verbrennung. Bild 1 zeigt vereinfacht die möglichen Konversionspfade. Abgesehen von der direkten Verbrennung werden bei allen Verfahren gasförmige, flüssige oder feste Energieträger erzeugt. Diese werden letztlich ebenfalls verbrannt; je nach Einsatzzweck in Feuerungen, Motoren, Turbinen oder zukünftig verstärkt auch in Brennstoffzellen.

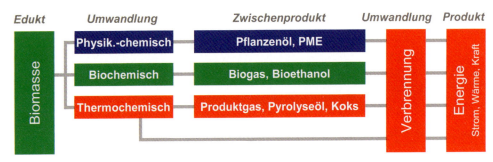

Bild 1: Bereitstellungspfade für Energie aus Biomasse (PME = Pflanzenölmethylesther)

Physikalisch-chemische Umwandlungsverfahren sind zur Herstellung von Treibstoffen bereits etabliert. Am einfachsten ist die Gewinnung von Pflanzenölen durch Pressung. Dennoch ist auch hierfür ein gewisser Aufwand für die Reinigung und Aufbereitung der Ausgangsstoffe und gewonnen Öle erforderlich. Um Pflanzenöle motorisch nutzen zu können, müssen entweder konventionelle Dieselmotoren umgebaut oder aber die Öle chemisch, zu Pflanzenölmethylester („Biodiesel") umgeestert werden, da sie sich vor allem in der Viskosität deutlich von konventionellen Kraftstoffen unterscheiden.

Biochemische Umwandlungsverfahren wie die Bioethanol- oder Biogasproduktion beruhen auf Gärprozessen. Die Biogasproduktion stellt ein technisch relativ einfaches Verfahren zur Umwandlung von Biomasse in Energie dar. Eine Nutzung erfolgt derzeit hauptsächlich über eine Verstromung und teilweise in KWK-Anlagen. Eine neue Entwicklung stellt die Einspeisung von Biogas ins Erdgasnetz dar, die eine Entkopplung von Produktion und Nutzung ermöglichen soll [2].

Die thermochemische Umsetzung von Biomasse kann durch Verschwelung (Pyrolyse), Vergasung oder Verbrennung erfolgen. Dabei stellen die Verbrennungsverfahren die Standardtechnik der Wärmeerzeugung dar. Zur Stromerzeugung aus Biomasse werden der Verbrennungsanlage üblicherweise Dampfturbinenanlagen nachgeschaltet. Alternative Stromerzeugungstechniken für Bereiche unterhalb von 5 MW elektrischer Leistung sind zum Beispiel der ORC-Prozess („Organic Rankine Cycle") [3], der Stirling-Motor [3] oder der offene Gasturbinenzyklus des ATZ Entwicklungszentrums [4]. Die Vergasung und teilweise auch die Pyrolyse von biogenen Roh- und Reststoffen werden ebenfalls in mehreren Projekten mit unterschiedlichen Techniken erprobt.

2.2 Stoffliche Nutzung

Im Gegensatz zur energetischen Nutzung gibt es bei der stofflichen Nutzung eine große Vielfalt an Einsatzfeldern. Verschiedenste Industriezweige sind an der Verwertung der Biomasse beteiligt. Dazu gehören die holzverarbeitende Industrie, Bau- und Dämmstoffindustrie, Textilindustrie, Papierindustrie und chemische Industrie.

Biomasse ist komplex zusammengesetzt, sodass die Auftrennung in die Grundstoffe vor einer weiteren Verarbeitung zweckmäßig ist. Die Grundstoffe der pflanzlichen Biomasse sind Kohlenhydrate (Stärke, Zucker, Cellulose), Lignin, Proteine und Öle bzw. Fette, daneben diverse Sekundärpflanzenstoffe wie Vitamine, Farbstoffe, Geschmacks- und Geruchsstoffe der unterschiedlichsten chemischen Struktur. Über diese Grundstoffe werden chemische Grund- und

Verfahrensstoffe, Polymere (Kunststoffe), Schmierstoffe, Papier und Pappe, Bau- und Dämmstoffe sowie Pharmaka gewonnen. Im Gegensatz zur energetischen Nutzung ist die Menge an verwendeter Biomasse relativ gering, ausgenommen bei der holzverarbeitenden Industrie [5, 6, 7, 8].

3 Bedarf und Angebot von Biomasse zur energetischen Nutzung

3.1 Bedarf

Der jährliche Primärenergiebedarf in Deutschland betrug 14.236 PJ pro Jahr in 2005 [9]. Nach derzeitigen Prognosen könnte dieser Bedarf bis zum Jahr 2030 auf 12.000 bis 10.500 PJ pro Jahr zurückgehen [10, 11]. Die Primärenergie besteht aus noch nicht umgewandelten Rohstoffen wie zum Beispiel Rohöl, Stein- und Braunkohle. Bild 2 zeigt die Struktur des Primärenergieverbrauchs in Deutschland für das Jahr 2005 nach Energieträgern. Allein 36 % des Primärenergiebedarfs werden durch Mineralöle gedeckt. Die nach einigen Umwandlungen für den Verbraucher gebrauchsfähige Energieform wird Endenergie genannt. Endenergieträger sind zum Beispiel Briketts, Benzin, Heizöl, Strom usw. Die bei der Nutzung entstehende Energieform wie zum Beispiel Licht und Wärme wird Nutzenergie genannt. Der Endenergieverbrauch beträgt nur etwa zwei Drittel des Primärenergieverbrauches und betrug in Deutschland 9.173 PJ/a im Jahr 2005. Bei der Umwandlung der Primärenergieträger zu Endenergieträgern entstehen demnach energetische Verluste von cirka 36 % [9].

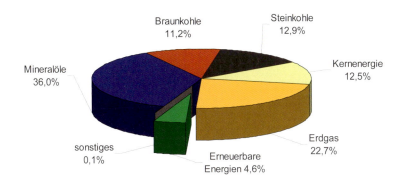

Bild 2: *Struktur des Primärenergieverbrauchs in Deutschland im Jahr 2005 (Primärenergieverbrauch 14.236 PJ) [9]*

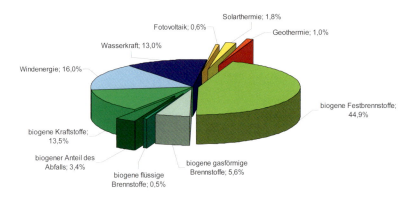

Bild 3: Struktur der Endenergiebereitstellung aus Erneuerbaren Energien in Deutschland im Jahr 2005 [12]

Nach aktuellen Angaben konnten im Jahr 2006 schon 5,3 % des Primärenergieverbrauchs und 7,4 % des Endenergieverbrauchs durch Erneuerbare Energien bereitgestellt werden [13]. Bild 3 zeigt die Anteile der verschiedenen erneuerbaren Energieträger an der Endenergiebereitstellung in Deutschland für das Jahr 2005. Der Anteil an Biomasse innerhalb der erneuerbaren Energieträger betrug dabei 68 %. Bezogen auf die reine Wärmebereitstellung lag der Anteil von Biomasse bei den erneuerbaren Energien sogar bei 94 % [12]. Wie in Bild 3 erkennbar ist, machen die Festbrennstoffe den größten Teil an biogenen Energieträgern aus. Bioenergie ist demnach der wichtigste Teil im Mix der erneuerbaren Energien. Prognosen gehen davon aus, dass der Anteil von Biomasse am erneuerbaren Energiemix auch zukünftig (bei einem Betrachtungszeitraum bis 2030) in etwa gleich bleiben wird [10].

Bild 4 zeigt die Entwicklung des Anteils an erneuerbaren Energien bezogen auf den Strom-, Wärme- und Kraftstoffverbrauch für die Jahre 2000 bis 2006. Es ist erkennbar, dass vor allem im Bereich Strom und Kraftstoffe der Anteil an Erneuerbaren Energien in den Jahren 2005 und 2006 deutlich zugenommen hat. Die Einsparung von fossilen Kraftstoffen durch biogene Kraftstoffe wurde dabei im Jahr 2005 zu 93 % durch Dieselersatz und nur zu 7 % durch Ersatz von Otto-Kraftstoff gewährleistet [12]. Insgesamt wurden durch Bioenergie 3 % des Primärenergiebedarfs (466 PJ) im Jahr 2005 bereitgestellt, davon wurden 60 % zur Wärme-, 24 % zur Kraftstoff- und 14 % zur Strombereitstellung genutzt [12]. Nach Prognosen des EWI (Energiewirtschaftliches Institut der Universität zu Köln) und PROGNOS (2006) [11] kann der Anteil an Erneuerbaren Energien am PEV bis 2030 auf 15,4 % steigen. [10] geht davon aus, dass bis 2030 sogar 25,1 % des PEV über erneuerbare Energien gedeckt werden können. Für Biomasse hieße das, dass ein Anteil am Primärenergieverbrauch zwischen 8 % und 18 % realisiert werden muss.

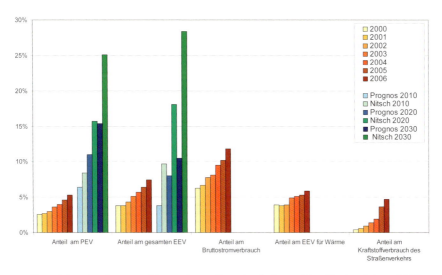

Bild 4: Energiebereitstellung aus Erneuerbaren Energien in Deutschland in den Jahren 2000 bis 2006 bzw. bei dem Anteil an PEV und EEV bis 2030, Angaben in Prozen; [14, 11 (Szenario hoher Ölpreis), 13, 10]

3.2 Angebot

Die verfügbare Biomasse ist einerseits von den nutzbaren biogenen Reststoffen und andererseits von den zu gewinnenden nachwachsenden Rohstoffen abhängig. In mehreren Studien wurde versucht, die unter Berücksichtigung der gegebenen technischen Restriktionen nutzbaren Potenziale von Biomasse zur energetischen Nutzung (technische Potenziale) in Deutschland bis zum Jahr 2030 zu prognostizieren.

Um das zukünftige Potenzial an Biomasse abschätzen zu können, sollen im Folgenden die Ergebnisse der Studien

- Öko-Institut [15]: Stoffstromanalyse zur nachhaltigen energetischen Nutzung von Biomasse
- DLR (Deutsches Zentrum für Luft und Raumfahrt) [16]: Ökologisch optimierter Ausbau der Nutzung erneuerbarer Energien in Deutschland, und
- IE-Leipzig (Institut für Energetik und Umwelt gemeinnützige GmbH) [17]: Nachhaltige Biomassenutzungsstrategien im europäischen Kontext

dargestellt werden.

Reststoffe

Die Nutzung von Biomasse, die in der Abfallwirtschaft (im Sinne des Kreislaufwirtschafts- und Abfallgesetzes (KrW-/AbfG)) und als land- und forstwirtschaftliche Reststoffe (außerhalb des KrW-/AbfG) anfällt, stellt ein bedeutsames Potenzial der Biomassenutzung dar. [18] berechneten nach Daten aus den Jahren 2000 bis 2002 ein jährliches Aufkommen von knapp 110 Mio. Mg Trockensubstanz pro Jahr (theoretisches Potenzial), von dem das technische Potenzial aber nur etwa 66 % (ca. 72 Mio. Mg TS/a) des theoretischen Potenzials ausmacht [18]. Nur ein geringer Teil dieses Potenzials wird bisher energetisch genutzt [19].

Bei der Ermittlung von energetischen Nutzungspotenzialen von Biomasse aus Abfällen und Reststoffen muss berücksichtigt werden, wie diese – vorhandene – Biomasse bereits jetzt genutzt wird. Konkurrierende Nutzungen, zum Beispiel stoffliche Nutzung als Holzwerkstoff in der Spanplatten- oder Papierindustrie oder zur Bodenverbesserung (organischer Dünger, Mulchmaterial) vermindern das energetisch nutzbare Potenzial, sind jedoch häufig auch erwünschte und ökologisch sinnvolle Nutzungen. So ist es beispielsweise aus Gründen des Bodenschutzes erforderlich bis zu 80 % des Strohs auf dem Acker zu belassen [15].

In den oben genannten Studien wird das technisch nutzbare Potenzial der Reststoffe mit 523 bis 908 PJ/a für das Bezugsjahr 2000 angegeben, das entspricht 3,7 % bis 6,4 % des derzeitigen Primärenergieverbrauchs. Bild 5 zeigt die in den Studien errechneten Potenziale für Reststoffe für die Jahre 2000 bis 2030. In allen Szenarien sind nur geringe Änderungen der Potenziale beschrieben. Je nach Szenario kommt es zu einer Zunahme oder sogar zu einer leichten Abnahme des Potenzials. Eine Zunahme des technischen Potenzials wird bei fast allen Szenarien im Bereich des Restholzaufkommens, des organischen Hausmüllanteils, des Landschaftspflegematerials und Klärschlammaufkommens angenommen. Die Zunahme hinsichtlich des organischen Hausmülls begründet sich in der Annahme, dass eine Vergärung aus Klimaschutzsicht als sinnvoller als eine Kompostierung erachtet wird und dadurch die Vergärung des organischen Hausmülls der Kompostierung vorgezogen wird (vergleiche dazu [15, 16, 17].

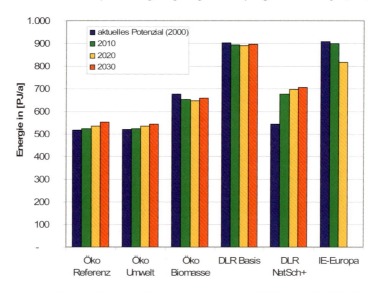

Bild 5: Technisches Potenzial biogener Reststoffe (Bezugsjahre 2000 bis 2030) [15, 16, 17, 20]

Nachwachsende Rohstoffe

Die Schlüsselgröße für die Rohstoffpotenziale ist die zur Verfügung stehende Anbaufläche sowie die Erträge von Energiepflanzen pro Fläche. Die Gesamtfläche der Bundesrepublik Deutschland umfasst etwa 35,7 Mio. ha. Davon wurden 11,9 Mio. ha (33,3 %) im Jahr 2005 als Ackerland genutzt. Für den Anbau von nachwachsenden Rohstoffen wurden 1,6 Mio. ha in 2006 (ca. 13 % der Ackerfläche) genutzt. Die Ölfrucht Raps, die hauptsächlich für die Herstellung von Biodiesel genutzt wird, hat mit cirka 1,1 Mio. ha die größte Anbaufläche eingenommen. Weit dahinter liegen mit unter 0,3 Mio. ha Anbaufläche Energiepflanzen wie Mais, Getreide oder Gräser. Die weiteren Flächen (ca. 0,2 Mio. ha) wurden für den Anbau von Pflanzen für die stoffliche Verwertung genutzt [21].

Für die Berechnung eines energetischen Potenzials für nachwachsende Rohstoffe muss dementsprechend zuerst das verfügbare Flächenpotenzial ermittelt werden. In einem weiteren Schritt müssen Annahmen zu den angebauten Pflanzenarten und deren Erträge pro Fläche und der verwendeten Umwandlungstechnologien vorgegeben werden, um das Energiepotenzial zu ermitteln.

Bild 6 zeigt die Flächenpotenziale für nachwachsende Rohstoffe, die in den verschiedenen Studien und deren Szenarien für die Jahre 2010, 2020 und 2030 ermittelt wurden sowie zusätzlich das Ergebnis von [20] als Vergleichswert. In allen Studien bzw. Szenarien wird eine Zunahme der möglichen Anbaufläche für nachwachsende Rohstoffe prognostiziert, allerdings weisen die Studien dabei untereinander, aber auch innerhalb der Szenarien erhebliche Unterschiede auf.

Grundsätzlich werden die Szenarien unterschieden in

- Referenzszenario, das den bisherigen Trend fortschreibt,
- ein umweltbezogenes Szenario, das Umwelt- und Naturschutzvorgaben im besonderen Maße berücksichtigen soll, und
- ein Szenario, das die Maximierung der Biomassenverfügbarkeit zum Ziel hat.

Dabei ist die Öko-Institut-Studie die einzige Studie, die ein Referenzszenario aufweist. Die Szenarien Basis (DLR) [16], CP (IE-Europa) [17] und Biomasse (Öko) [15] haben alle drei die Maximierung des Biomasseangebots zum Ziel und sollen eine Obergrenze der Biomassenutzung darstellen. Dabei werden jedoch derzeitige rechtliche Regelungen vor allem bezüglich des Naturschutzes wie zum Beispiel hinsichtlich des § 5 BNatSchG nicht vollständig beachtet, sodass diese Szenarien zu einer Überschätzung des Potenzials führen und somit nicht als Obergrenze aus heutiger Sicht gewertet werden können. Sie sollten deshalb auch nicht für die Erarbeitung politischer Ziele hinsichtlich der Biomassenutzung herangezogen werden.

Die großen Unterschiede zwischen den Szenarien begründen sich in den unterschiedlichen Annahmen, die in Bezug auf Produktionssteigerung in der Nahrungsmittelproduktion sowie generell in der Pflanzenproduktion, Selbstversorgungsgrad für Nahrungsmittel, Bevölkerungsentwicklung, Naturschutzbelange, Anteil von Brachflächen, Anteil an ökologischer Landwirtschaft, Flächenverbrauch usw. getroffen wurden.

Die IE-Europa Studie [17] kommt auf die höchsten Flächenpotenziale mit 4,2 Mio. ha Ackerland plus 1 Mio. ha Grünlandfläche für das Environment-Szenario und 5,6 Mio. ha Ackerland plus 1,8 Mio. ha Grünlandfläche für das CP-Szenario. Das Flächenpotenzial des CP-Szenarios entspricht dabei mit insgesamt 7,3 Mio. ha 43 % der derzeitigen landwirtschaftlichen Fläche und erscheint damit sehr hoch. Der SRU (2007) kommt zu dem Schluss, dass ein Flächenpotenzial zwischen 3 und 4 Mio. ha bis 2030 realistisch ist.

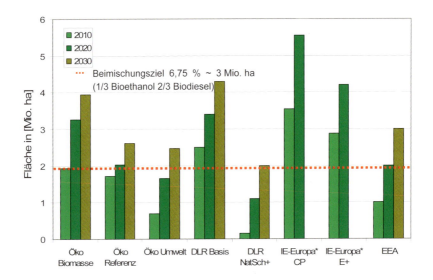

Bild 6: Übersicht über die Anbauflächenpotenziale in Deutschland für nachwachsende Rohstoffe verschiedener Studien von 2010 bis 2030 (ohne Grünland); [1 nach 15, 16, 17, 20]

Um aus dem Flächenpotenzial ein Energiepotenzial abzuleiten, müssen Annahmen zu genutzten Pflanzenarten auch hinsichtlich einer einzuhaltenden Fruchtfolge sowie zur möglichen Produktionssteigerung und den verschiedenen Nutzungsmöglichkeiten mit den unterschiedlichen Techniken gemacht werden. Da diese Annahmen innerhalb der verschiedenen Studien stark variieren und nicht hinreichend erläutert sind, werden hier keine energetischen Potenziale zu nachwachsenden Rohstoffen dargestellt. Vielmehr sollen mithilfe der Übersicht in Bild 7 über mögliche Energieerträge von nachwachsenden Rohstoffen pro Hektar die Unterschiede zwischen verschiedenen Nutzungsmöglichkeiten dargestellt werden. Diese Übersicht zeigt, dass die Nutzung von Festbrennstoffen wie Kurzumtriebsplantagenholz (KUP) zur Wärme- und Wärme- und Stromnutzung sowie auch die Wärme- und Stromnutzung von Mais über Biogas wesentlich höhere Energieerträge pro Hektar ergeben als die Nutzung von Energiepflanzen zur Herstellung von Flüssigkraftstoffen. Dagegen ergeben sich bei der Nutzung von Biogas als Kraftstoff höhere Energieerträge als bei der Nutzung von flüssigen Biokraftstoffen wie Ethanol, BtL (Biomass-to-Liquid) oder Biodiesel (vgl. Bild 7).

Hinsichtlich des hier diskutierten energetischen Potenzials aus nachwachsenden Rohstoffen wird klar, dass die Kraft-Wärme-Kopplung generell zu höheren Energiepotenzialen führt als die Kraftstoffnutzung. Diese Überschlagsrechnung führt zu dem Ergebnis, dass über eine reine Kraftstoffnutzung bis zum Jahr 2010 mit einem Flächenpotenzial von etwa 2,5 Mio. ha (Referenz-Szenario [15]) ca. 1 % des deutschen Primärenergiebedarfs gedeckt werden könnten, bei einer Nutzung der gleichen Fläche für die Wärmebereitstellung könnten dagegen knapp 2,5 % des

Was kann die Biomasse in Deutschland leisten?

Primärenergiebedarfs bereitgestellt werden. Bis zum Jahr 2030 kann dieses Potenzial sich auf knapp 5 % erhöhen. Mit dem Reststoffpotenzial zusammen können in 2030 damit maximal 10 % des Primärenergiebedarfs bereitgestellt werden (bezogen auf einen PEV von ca. 12.000 PJ/a nach [11]), so dass die Ausbauziele, wie sie nach [10] mit bis zu 18 % Anteil der Bioenergie am Primärenergieverbrauch beschrieben werden, sehr ambitioniert erscheinen und nicht mit Biomasse nationaler Herkunft erreicht werden können.

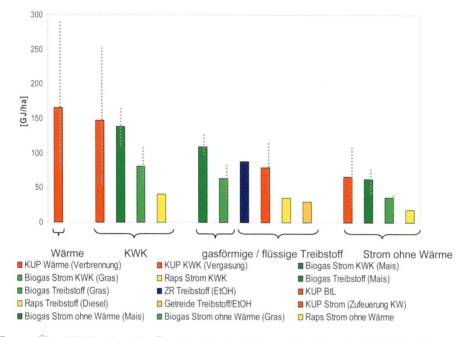

Bild 7: Übersicht über derzeitige Energieerträge (netto) von nachwachsenden Rohstoffen bei verschiedenen Nutzungspfaden in GJ/ha; [1 nach 22, 23, 24, 25, 26, 27, 28]

Anmerkungen:
- Miscanthus ergibt etwa 20 % höhere Erträge als KUP, aber wegen der nicht ausgereiften Technik wird diese hier nicht betrachtet
- Bei Wärme, KWK und Strom ohne Wärme wurden die Nutzungswirkungsgrade mit einbezogen, bei Kraftstoffen nur die Herstellungsverluste, aber keine Nutzungsverluste. Die Daten sind demnach nur bedingt vergleichbar, durch die Nutzung der Treibstoffe im jeweiligen Fahrzeug wird sich der Energieertrag nochmals verringern
- Abkürzungen: KUP: Kurzumtriebsplantage, BtL: Biomass-to-Liquid, KW = Kraftwerk, KWK = Kraft-Wärme-Kopplung EtOH = Ethanol, ZR = Zuckerrübe

Werden die politischen Zielvorgabe des Kraftstoffquotengesetzes betrachtet, das ab 2010 einen Anteil von alternativen Kraftstoffen von 6,75 % am gesamten Kraftstoffverbrauch in Deutschland fordert, wird bei einem Anteil an der Quote von einem Drittel Bioethanol und zwei Drittel Biodiesel eine Fläche von knapp 3 Mio. ha für den Anbau entsprechend nutzbarer nachwachsender Rohstoffe benötigt. In Bild 6 ist dieser Flächenanspruch markiert. Es wird deutlich, dass nur mit dem Szenario IE-Europa-CP [17], das vor allem naturschutzfachlich fraglich erscheint, dieses Ziel mit nationaler Rohstoffproduktion erreichbar wäre. Außerdem ist zu beachten, dass bei dieser

Flächenabschätzung für Biokraftstoffe keine anderen Zielsetzungen hinsichtlich des Strom- und Wärmeersatzes von nachwachsenden Rohstoffen betrachtet werden.

Diese Ausführungen zeigen, dass das Erreichen der derzeitigen politischen Ziele hinsichtlich des Ausbaus der Bioenergie nur mit einem erheblichen Importaufwand von Biomasse bzw. Bioenergieträgern möglich ist. Im Hinblick auf zukünftige Zielhorizonte wird sich dieser Importaufwand voraussichtlich verstärken, auch bei einer Ertragssteigerung in der Pflanzenproduktion und bis dahin vielleicht großtechnisch einsetzbaren neuen effizienteren Technologien. Durch die ambitionierten politischen Ziele vor allem für eine Biokraftstoffnutzung werden also Importe von Biomasse bzw. Bioenergieträgern forciert, wobei die damit verbundenen Folgen noch nicht hinreichend berücksichtigt werden (siehe Kapitel 4).

4 Umweltauswirkungen

4.1 Methodik

Eine Gesamtbetrachtung aller Vor- und Nachteile des verstärkten Ausbaus der Biomasseproduktion und -nutzung in Deutschland erfordert eine umfassende Analyse verschiedener Anbau- und Nutzungspfade beispielsweise über eine Lebenszyklusanalyse. Fundierte Prognosen der Umweltauswirkungen der Gewinnung von Biomasse sind noch nicht zufrieden stellend geleistet worden. Dies ist darauf zurückzuführen, dass die Ökobilanzierungen zum Teil sehr komplex sind [29, 30, 31]

Insbesondere aus der Perspektive des Klimaschutzes ist es erforderlich, das Treibhausgas-Vermeidungspotenzial unter Einbeziehung der Produktionswege und -prozesse von Anfang bis zum Ende fundiert zu analysieren. Bei der Festsetzung des Bilanzrahmens ist vor allem darauf zu achten, dass dieser als Resultat miteinander vergleichbare Ergebnisse liefert.

4.2 Gewinnung von Biomasse

Der derzeit vorangetriebene zügige Ausbau von Biomasse kann sowohl auf nationaler als auch der internationalen Ebene signifikante Folgen für die Umwelt haben. Der intensive Anbau steht dabei oft mit Zielen des Naturschutzes im Konflikt, zumal die konventionelle Landwirtschaft bereits jetzt in hohem Niveau negative Auswirkungen auf den Naturhaushalt – insbesondere auf Böden und Gewässer – verursacht. Nachhaltige Anbauverfahren können hingegen Synergieeffekte mit dem Naturschutz nach sich ziehen.

Negative Auswirkungen sind vor allem bei der flächenhaften Zunahme zum Beispiel von Raps und Mais auf Kosten weniger umweltgefährdender Anbauformen sowie die Um- oder Übernutzung von CO_2-speichernden Vegetationsformen wie Wald oder Grünland zu finden.

Grundsätzlich können nachwachsende Rohstoffe auch in nachhaltiger Anbauweise erzeugt werden. Neben der Erprobung und Anwendung alternativer Anbauverfahren und traditionell verwendeter Sorten gehört dazu auch die Entwicklung von Sorten, die sich durch einen minimalen Pestizid- und Düngemittelbedarf auszeichnen. Neben dem Schutz der Böden und Gewässer führen nachhaltige Anbauverfahren – insbesondere dort, wo Intensivkulturen ersetzt werden – zu positiven Begleiteffekten für die Artenvielfalt [1].

4.3 Nutzung von Biomasse

Durch die energetische Nutzung von Biomasse kommt es auf der einen Seite zu ökologischen Entlastungen hinsichtlich der Schonung fossiler Energieressourcen und gegebenenfalls der Verringerung von Treibhausgasemissionen. Auf der anderen Seite kommt es aber wie bei jeder technischen Nutzung vor allem aber bei der thermo-chemischen Umwandlung zu Umweltbelastungen wie Emissionen mit versauernden und eutrophierenden Wirkungen (Schwefeldioxide und Stickoxide) sowie Emissionen von Stäuben (vor allem Feinstaub) und anderen Schadstoffen.

Wegen nicht hinreichender ökobilanzieller Betrachtungen wird die Minderung von Treibhausen bei der energetischen Nutzung von Biomasse tendenziell überschätzt. Vor allem wegen der Vernachlässigung der Treibhausgas(THG)emissionen, die durch den Anbau von Biomasse entstehen, kann zurzeit keine abschließende Bewertung vorgenommen werden, da in den bisher vorhandenen Ökobilanzen unterschiedliche Bilanzrahmen festgelegt sind. So können sich die Ergebnisse der Ökobilanzen beispielsweise je nachdem inwiefern Neben- bzw. Sekundärprodukte berücksichtigt werden signifikant unterscheiden.

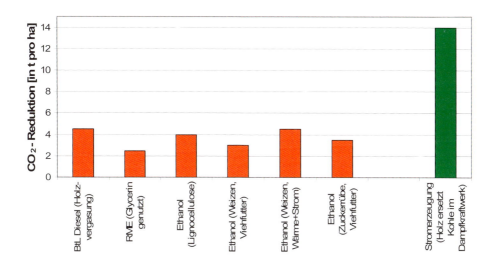

Bild 8: Potenziale zur Reduktion der Kohlenstoffdioxid(CO_2)emissionen bei verschiedenen Biokraftstoffen im Vergleich zur Stromerzeugung aus Biomasse [32, 33]

Dennoch lassen die bisherigen Ergebnisse den Schluss zu, dass sich Biogas unabhängig davon ab es stationär oder für die Mobilität genutzt wird, als vorteilhaft erweist. Dagegen erweisen sich biogene Flüssigkraftstoffe als nachteilig gegenüber der stationären Nutzung (Wärme und Strom). Biomass-to-Liquid (BtL)-Kraftstoffe erweisen sich zwar als vorteilhafter gegenüber den Biokraftstoffen der so genannten ersten Generation. Jedoch erscheint nach derzeitigem Stand auch diese Technologie, die noch dazu erst mittelfristig für eine großtechnische Produktion zur Verfügung stehen wird, gegenüber der stationären ungünstiger zu sein (vergleiche auch Bild 8). Es sollte deswegen nur ein mäßiger Ausbau der Biokraftstoffe angestrebt werden. Die stationäre

Nutzung zeigt vor allem bei der Wärmenutzung bzw. bei kombinierter Wärme- und Stromnutzung gute THG-Einsparungspotenziale. Generell ist anzustreben den Aggregatzustand der jeweiligen Energieträger möglichst nicht mehrfach zu ändern (zum Beispiel Biogas als Erdgassubstitut, Holz zu Wärme statt zu BtL), um möglichst geringe Umwandlungsverluste zu ermöglichen. Auch wenn diese generellen energetischen Grundsätze nicht immer den Marktpraktiken entsprechen, sollten diese auf jeden Fall von der Förderpolitik berücksichtigt werden.

Bei der Verbrennung von fester Biomasse kommt es vor allem zu erhöhten Feinstaubemissionen durch den gegenüber fossilen Brennstoffen hohen Aschegehalt in biogenen Brennstoffen. So sind durch die Zunahme von Kleinfeuerungsanlagen die Feinstaubemissionen aus kleinen Holzfeuerungen in Haushalten und im Kleingewerbe von 2002 bis 2003 von 22,7 kt auf 24,0 kt gestiegen. Sie überschreiten inzwischen sogar die Feinstaubemissionen aus dem Straßenverkehr (siehe Tabelle 2; entlang stark befahrener Verkehrsachsen kann die Belastung aber lokal höher sein). Bei kleinen Holzfeuerungen beträgt der Anteil der Feinpartikel (PM10) am gesamten Staubausstoß mehr als 90 %. Wie viel Feinstaub tatsächlich ausgestoßen wird, hängt aber von Art und Alter der Anlage, von der Art der Befeuerung, dem Wartungszustand der Anlage sowie dem eingesetzten Brennholz ab. Vorteilhaft sind zum Beispiel Holzpelletfeuerungen. Durch bessere Rauchgasreinigung sind die Emissionen in großen Anlagen wesentlich geringer als bei Kleinfeuerungsanlagen [34].

Tabelle 2: Jahresemissionen PM10 in Kilotonnen (1 kt = 1.000 t) [35]

PM_{10}-Emissionen in kt	2002	2003
Kleine Holzfeuerungen in Haushalten und im Kleingewerbe	22,7	24,0
Straßenverkehr (nur Verbrennung)	25,4	22,7

4.4 Thermochemisch-technisch optimierter Einsatz von Biomasse

Prinzipiell ist es aus energetischer Sicht effizienter, Energieträger in dem Aggregatzustand (fest, flüssig, gasförmig) zu nutzen, in dem sie anfallen oder gewonnen werden. So ist die Nutzung von fossilen und biogenen Energieträgern in der Wärmeerzeugung mit sehr hohem Wirkungsgrad (über 90 %), die Nutzung in der Stromerzeugung und der Mobilität dagegen immer nur mit vergleichsweise niedrigen Wirkungsgraden möglich (15 % bis 50 %). Werden die Energieträger in dem Aggregatzustand genutzt, in dem sie anfallen, werden Umwandlungsverluste vermieden und die Energieeffizienz der Nutzung verbessert.

Es ist daher effizient, Holz vorwiegend in der Wärmeerzeugung zu setzen, wobei der Abwärmenutzung strukturell Grenzen gesetzt sind [35]. Erdöl und Produkte daraus (Mineralöl) sowie Erdgas hingegen sollten in der Mobilität verwendet werden. Derzeit wird noch ein erheblicher Teil Öl und Gas zu Heizzwecken genutzt (44 % bis 56 % der Wärmebereitstellung erfolgt über Gas und Öl; Industrie 44,6 %, GHD 46 %, Haushalte 56,2 %) [9]. Bevor also Holz in Treibstoffe umgewandelt wird, ist es aus Effizienzgesichtspunkten sinnvoll, das in der Wärmeerzeugung genutzte Öl und Gas für die Mobilität zu nutzen und den analogen Wärmebedarf über Festbrennstoffe zu decken.

Die Wirkungsgrade der dezentralen und zentralen Wärmeerzeugung sind annähernd gleich. Der Wirkungsgrad der dezentralen Stromerzeugung mit Leistungen von einigen hundert kW ist hingegen signifikant geringer (max. 25 %) als bei der zentralen Stromerzeugung (bis zu 50 %). Dezentrale Verfahren eigenen sich daher eher für die Wärme- als für die Stromerzeugung. Die Biomassenutzung in dezentralen Anlagen mit vergleichsweise geringen Verstromungswirkungsgraden sollte daher sinnvoller weise in der Kraft-Wärme-Kopplung durchgeführt werden.

Da Rohstoffe nur aus Rohstoffen hergestellt werden können, Strom (auch für Mobilität) dagegen auch aus anderen regenerativen Energieträgern (Sonne, Wind, Wasser), werden langfristig (bei einer Verknappung des Öls nach dem prognostizierten „Peak Oil") die fossilen und biogenen Ressourcen vorzugsweise stofflich genutzt werden.

Um den größten Nutzen für den Klimaschutz aus der energetischen Verwertung von nachwachsenden Rohstoffen, die national nur gegrenzt zur Verfügung stehen (vgl. Kap 3.2), zu erreichen, erscheint es sinnvoll, diese nur mäßig im Kraftstoffsektor einzusetzen. Stattdessen sollte eine gekoppelte Strom-Wärmenutzung bevorzugt werden. Biogas, welches auch aus Reststoffen produziert wird, birgt dagegen mit geringeren energetischen Verlusten eine auch aus Klimaschutzsicht zu fördernde Möglichkeit zur Nutzung als Treibstoff.

5 Aktuelle Ziele und Instrumente für den Ausbau von Bioenergie

5.1 Ausbauziele

Die allgemeinen Ausbauziele für Erneuerbare Energien der Europäischen Union sind in Tabelle 3 dargestellt. Die Teilmenge der erneuerbaren Energien, die aus Biomasse gewonnen wird, kann dabei von Mitgliedsstaat zu Mitgliedsstaat unterschiedlich sein. Es sind hinsichtlich Biomasse nur Ziele formuliert worden, die sich auf die Biokraftstoffe beschränken [36, 37]. Es gibt bisher kein exklusives Ausbauziel für Bioenergie insgesamt.

Tabelle 3: EU-Ziele zum Ausbau regenerativer Energien und von Biokraftstoffen [1, 38]

Bezugsgröße	Zeitpunkte	EU- Ziel In %	Dokument	Status
Anteil der Erneuerbaren Energien am Primärverbrauch	2010 2020	12 20	Weißbuch erneuerbare Energien 1997 Renewable Energy Road-Map 2007	Politisch Geplant als rechtsverbindl. Ziel
Anteil der Erneuerbaren Energien am Elektrizitäts-verbrauch	2010	22	RL 2001/77 zur Förderung der Stromerzeugung aus erneuerbaren Energien	Rechtl., aber indikativ und flexibel
Anteil alternativer Kraftstoffe im Straßenverkehr (Biokraftstoffe, Erdgas, Wasserstoff)	2020	20	Grünbuch zur Versorgungssicherheit (KOM (2000)769 endg.;	Politisch
Anteil der Biokraftstoffe am Kraftstoffverbrauch	2005 2010 2015 2020	2 5,75 8 10	RL 2003/30 zur Förderung der Biokraftstoffe und anderer erneuerbarer Kraftstoffe für den Transport Europäischer Rat, März 2006 Energy Review 2007; Europäischer Rat 9.3.2007	Rechtl., aber indikativ und flexibel Politisch Politisch Geplant als rechtsverbindlich
CO_2-Gehalt von Kraftstoffen	2020	10	Vorschlag zur Änderung der Kraftstoffrichtlinie	Rechtlich verbindlich

Die nationalen Ausbauziele für erneuerbare Energien sind in Tabelle 4 dargestellt und entsprechen für 2020 den neueren Zielvorstellungen der Europäischen Kommission. Kurzfristig liegen sie aber, vor allem wegen des relativ niedrigen Anteils der Stromgewinnung aus Wasserkraftwerken, in Deutschland niedriger als diejenigen der EU. Die nationalen Ausbauziele für Biokraftstoffe übertreffen kurzfristig diejenigen der EU. Zudem sind sie, soweit wie im Biokraftstoffquotengesetz gefordert, bis 2015 bereits rechtsverbindlich festgelegt. Sie haben damit eine wesentlich höhere Bindungswirkung, als die bisher eher politischen EU-Ziele.

Tabelle 4:   Nationale Ziele zum Ausbau regenerativer Energien und der Biomasse [1, 39]

Bezugsgröße	Zeitpunkt	Nationales Ziel in %	Dokumente	Status
Anteil der Erneuerbaren Energien am Primärenergieverbrauch	2010 2020 2050	4,2 10 50	EEG vom 21.7.2004	Politisch Rechtlich, aber nicht verbindl. Politisch
Anteil der Erneuerbaren Energien im Wärmesektor	2020	14	Regierungserklärung Gabriel 26.04.2007	Politisch
Anteil der Erneuerbaren Energien am Elektrizitätsverbrauch	2010 2020 2020	12,5 20 27	Nachhaltigkeitsstrategie, 2002 ; EEG vom 21.7.2004 Regierungserklärung Gabriel 26.04.2007	Rechtlich, aber nicht verbindlich Politisch Politisch
Anteil von Biokraftstoffen an Energiegehalt des Kraftstoffverbrauchs; Quoten werden nach Otto- und Dieselkraftstoffen weiter differenziert.	2010 2015 2020	6,75 stufenweise auf 8 17	Biokraftstoffquotengesetz vom 26.10.2006 Regierungserklärung Gabriel 26.04.2007	Rechtsverbindlich Politisch

5.2   Förderinstrumente

Die Förderlandschaft für Bioenergie ist stark segmentiert. Auf der europäischen und der nationalen Ebene haben sich inzwischen vielfältige, je nach Anbau und energetischen Verwendung der Biomasse unterschiedliche Fördermaßnahmen entwickelt. Die Förderinstrumente zielen dabei ausschließlich auf einen wachsenden Einsatz der Bioenergie ab, unabhängig von den verschiedenen nutzbaren Pflanzen, Anbauformen oder Verwendungen. Instrumente einer ökologischen Qualitätssicherung, die die Umweltfolgen des Biomasseanbaus in naturverträgliche Bahnen lenken oder zu minimieren suchen, befinden sich erst in einem Konzeptentwicklungsstadium. Hinsichtlich der verschiedenen Förderinstrumente kann man

- Fördermaßnahmen durch Subventionen oder Steuererleichterungen,
- Fördermaßnahmen durch festgesetzte Einspeisevergütungen, die die Stromverbraucher zu tragen haben und
- die Förderung über Mindestquoten für den Biomasseeinsatz, deren Kosten ebenfalls auf die Kraftstoffverbraucher abgewälzt werden,

unterscheiden [1].

6 Eine nachhaltige Biomassestrategie

Eine nachhaltige Steuerung des Einsatzes von Biomasse sollte nach [1] zwei grundlegende Anforderungen erfüllen:

1. Sie muss die Biomassenutzung im Hinblick auf die Vermeidung von Treibhausgasemissionen optimieren.
2. Sie muss einen nationalen, europäischen und internationalen Ordnungsrahmen für einen umweltgerechten Anbau von Energiepflanzen entwickeln. Dieser Ordnungsrahmen kann nicht unbeachtet der generellen Instrumente für eine umweltgerechte Landwirtschaft entwickelt werden.

Der SRU [1] schlägt dafür den Emissionshandel auf der ersten Handelsstufe langfristig für als geeignetes Instrument zur CO_2-Reduktion vor. Auch das Potenzial der Biomasse zur CO_2-Vermeidung sollte langfristig mit diesem Instrument ausgeschöpft werden.

Um aus der derzeitigen Förderung heraus zu diesem übergreifenden Emissionshandel zu gelangen schlägt der SRU [1] kurz- bis mittelfristig eine Übergangsphase Markteinführung vor. Bei der Förderung der Markteinführung sollte vermieden werden, dass Technologien gefördert werden, deren mittel- bis langfristiger Klimaschutzbeitrag nicht in einem vernünftigen Referenzrahmen von gesamtwirtschaftlich kosteneffizienten Klimaschutzmaßnahmen liegt. Aussichtsreiche Technologien lassen sich unter Berücksichtigung realistischer Schätzungen von Lernkurveneffekten hinsichtlich ihrer wirtschaftlichen Potenziale identifizieren und auf Basis von Lebenszyklusanalysen umweltpolitisch bewerten. Langfristig sollte die Vermeidung von Treibhausgasen prioritär dort stattfinden, wo sie relativ am kostengünstigsten ist. Für die einzelnen Förderbereiche bedeutet dies ein mittelfristiges Auslaufen der mengenbezogenen Förderung und die möglichst weitgehende Integration in einen sektorübergreifenden Emissionshandel. Langfristig anzustreben wäre hier der Emissionshandel auf der ersten Handelsstufe [1, 40, 41], da dieser gegenüber den im Entstehen begriffenen sektoralisierten Handelssystemen einfacher und zu geringeren Transaktionskosten und -brüchen realisierbar ist. Nicht grundsätzlich auszuschließen sind aber auch zweitbeste Lösungen, die zur Preissetzung einen Emissionshandel auf der ersten Handelstufe simulieren.

Funktionsvoraussetzung solcher Modelle der Einbeziehung in den Treibhausgashandel ist eine realitätsnahe Bild der Treibhausgasbilanz verschiedener energetischer Verwendungen von Biomasse. Notwendig ist eine Erweiterung der Bilanzierung um die Betrachtung von CO_2-Äquivalenten, um zumindest die bei der Herstellung der Bioenergie relevanten Emissionen an Methan und Lachgas einzubeziehen. Auch sollte der gesamte Produktionspfad der Biokraftstoffe von eventuellen Landnutzungsänderungen über den Anbau, die Verarbeitung bis zum Verbrauch in den betreffenden Motorentypen betrachtet werden. Landnutzungsänderungen spielen dabei im Hinblick auf die Speicherfähigkeit der Böden für CO_2 eine wichtige, bisher weitgehend ausgeklammerte Rolle [1].

7 Fazit

Die Nutzung von Biomasse ist vor dem Hintergrund der mittlerweile breit geführten Klimadebatte ein zentrales Thema geworden. Biomasse bietet große Chancen hinsichtlich ihrer stofflichen und energetischen Nutzungsmöglichkeiten.

Das nationale Angebot an Biomasse ist zwangsläufig durch die zur Verfügung stehende Fläche begrenzt. Allein die für 2010 angestrebte Kraftstoffquote von 6,75 % würde theoretisch die zukünftig zur Verfügung stehende landwirtschaftliche Fläche benötigen. Die derzeit artikulierten, sehr ambitionierten politischen Ziele in Deutschland können demnach nicht mit Biomasse nationaler Herkunft realisiert werden. Biomasse ist ein internationales Handelsgut, so dass grundsätzlich gegen entsprechende Importe nichts eingewendet werden kann. Dabei sind jedoch die ökologischen und gesellschaftlichen Auswirkungen der Biomasseproduktion in den Exportländern angemessen zu berücksichtigen.

Die Produktion von importierter Biomasse kann zur Verknappung von Nahrungsmitteln, Konflikten über Flächennutzung und sogar zur Vernichtung von Primärregenwäldern führen. Im Sinne der Nachhaltigkeit sollten globale Auswirkungen Bestandteil einer nationalen Biomassestrategie sein.

Der Anbau von Biomasse ist nicht zwangsläufig nachhaltig und umweltverträglich. Er kann mit negativen Auswirkungen auf den Naturhaushalt verbunden sein. Es ist zu befürchten, dass durch einen verstärkten Anbau negativen Auswirkungen der Landwirtschaft im allgemeinen in gesteigertem Maße auftreten. Dieser Zusammenhang sollte vor einem weiteren Ausbau der Biomassenutzung intensiver untersucht werden. Die Förderung von Bioenergie sollte mit einem naturverträglichen Ausbau des Anbaus einhergehen.

Auch die Nutzung von Biomasse als Brennstoff kann mit negativen Umweltauswirkungen gegenüber herkömmlichen Brennstoffen verbunden sein. Generell muss hinsichtlich des energetischen Einsatzes von Biomasse ökologische wie auch gesellschaftlich ein Verschlechterungsverbot gelten. Vor allem auf der internationalen Ebene muss darauf geachtet werden, dass ökologische und soziale Mindeststandards bei der Gewinnung von Biomasse und bei der Produktion von Bioenergieträgern eingehalten werden.

Der Klimaschutz, zusammen mit einem naturverträglichen Ausbau, sollte im Hinblick auf die ambitionierten Klimaschutzziele der Bundesregierung wie auch der Europäischen Union das vorrangige Ziel der Biomassenutzung sein. Dabei muss beachtet werden, dass gerade wenn mehrere Ziele gleichzeitig verfolgt werden können, der Klimaschutz nicht nachrangig behandelt wird. Die verschiedenen Nutzungspfade führen allerdings zu unterschiedlichen Treibhausgaseinsparungspotenzialen. Aufgrund unterschiedlicher Bilanzrahmen der bisher erstellten Ökobilanzen kann keine eindeutige Beurteilung der verschiedenen Techniken vorgenommen werden. Generell scheint aber der Einsatz von Biomasse bezogen auf den Klimaschutz im mobilen Bereich schlechter zu sein als der Einsatz im stationären Bereich. Eine priorisierte Förderung des Einsatzes von Biomasse im Transportsektor steht demnach dem Klimaschutzziel konträr gegenüber.

Wird die Nutzung der Biomasse getrennt nach den zur Verfügung stehenden Fraktionen betrachtet, sollte bis auf die fermentativ nutzbaren Reststoffe und nachwachsenden Rohstoffe eher wenig Biomasse für die Kraftstoffherstellung genutzt werden. Feste Biomasse, vor allem der

Rohstoff Holz, sollte vielmehr für die Bereitstellung von Wärme eingesetzt werden. Insbesondere die Nutzung für Prozesswärme in der Industrie stellt einen sinnvollen Einsatz dar, da keine andere erneuerbare Energie diese substituieren kann. Hinsichtlich Strom und Raumtemperatur bieten sich zusätzlich und langfristig die erneuerbaren Energiequellen Windkraft, Solarthermie und Geothermie als Substitute an. Wichtig ist aber auch eine verstärkte Nutzung in Nahwärmenetzen statt in Einzelfeuerstätten. Die Biomassenutzung sollte demnach nicht isoliert von anderen erneuerbaren Energien hinsichtlich ihrer Klimaschutzpotenziale betrachtet werden. Ziel sollte vielmehr die Entwicklung eines ganzheitlichen Konzeptes für einen hinsichtlich des Klimaschutzes optimierten Einsatz aller Energieträger sein. Die Integration von Bioenergie in heutige und zukünftige Versorgungsstrukturen ist jedoch noch nicht genügend untersucht worden.

Die energetische Nutzung von Biomasse ist ein wichtiger Baustein für den Klimaschutz. Es sind alle energetischen Nutzungen wie Strom, Wärme und Kraftstoff anzustreben. Die derzeitigen Förderinstrumente berücksichtigen jedoch zu wenig die unterschiedlichen Effizienzgrade und Beiträge zum Klimaschutz, so dass insgesamt keine optimale Nutzung der Biomasse erfolgt. Mittelfristig sollen durchaus möglichst viele Erfolg versprechende Umwandlungstechnologien in Entwicklung und Markeinführung gefördert werden. Langfristig empfiehlt der SRU [1] den Emissionshandel als Steuerungsinstrument, um zu gewährleisten, dass die Technologien bevorzugt gefördert werden, die ökonomisch und ökologisch den größten Nutzen versprechen.

8 Quellen

[1] Rat von Sachverständigen für Umweltfragen (SRU): Sondergutachten. Klimaschutz durch Biomasse. Ab Juni 2007 online im Internet: http://www.umweltrat.de/

[2] Fachagentur für Nachwachsende Rohstoffe (FNR) Leitfaden Bioenergie - Planung, Betrieb und Wirtschaftlichkeit von Bioenergieanlagen, Gülzow, 2005

[3] Kaltschmitt M., Hartmann H.: Energie aus Biomasse – Grundlagen, Techniken und Verfahren, Berlin, Springer-Verlag, 2001

[4] Quicker, P., Mocker, M., Faulstich, M.: Energie aus Klärschlamm, in Faulstich, M. (Hrsg.): Verfahren & Werkstoffe für die Energietechnik, Band I: Energie aus Biomasse und Abfall. Sulzbach-Rosenberg, Förster Verlag, 2004, S. 53-76.

[5] Centrales Agrar- Rohstoff-Marketing- und Entwicklungsnetzwerk e.V. (C.A.R.M.E.N): Jahrbuch 2004/2005, Nachwachsende Rohstoffe Wirtschaftsfaktor Biomasse, Straubing, 2004

[6] Kamm, B., Gruber, P. R., Kamm, M.: Biorefineries - Industrial Processes and Products, Volume 1: Principles and Fundamentals, Weinheim: Wiley-VCH, 2006.

[7] Menrad, K.: Stoffliche Nutzung Nachwachsender Rohstoffe - Markt und Verbraucherakzeptanz, in C.A.R.M.E.N. (Centrales Agrar- Rohstoff-Marketing- und Entwicklungsnetzwerk e.V.): Nachwachsende Rohstoffe - unendlich endlich. 14. C.A.R.M.E.N. Symposium "Im Kreislauf der Natur - Naturstoffe für die moderne Gesellschaft". Straubing, 2006

[8] Fachagentur für Nachwachsende Rohstoffe (FNR): Biokraftstoffe eine vergleichende Analyse. Gülzow, 2006

[9] Bundesministerium für Wirtschaft und Technologie (BMWi): Energiedaten – Nationale und internationale Entwicklung. Gesamtausgabe, 2007 URL: http://www. bmwi.de/BMWi /Navigation/Energie/ Energiestatistiken/energiedaten did=51884.html

[10] Nitsch, J.: Leitstudie 2007 – „Ausbaustrategie Erneuerbare Energien", Bundesministerium für Umwelt, Naturschutz und Reaktorsicherheit (BMU) Stuttgart, Berlin, 2007

[11] Energiewirtschaftliches Institut der Universität zu Köln (EWI), PROGNOS: Auswirkung höherer Ölpreise aus Energieangebot und –nachfrage, Bundesministerium für Wirtschaft und Technologie (BMWi), Basel, Köln, Berlin, 2006

[12] Bundesministerium für Umwelt, Naturschutz und Reaktorsicherheit (BMU): Erneuerbare Energien, Berlin, 2006, URL: http://www.erneuerbare-energien.de/inhalt/20010/.

[13] Bundesministerium für Umwelt, Naturschutz und Reaktorsicherheit (BMU): Entwicklung der erneuerbaren Energien im Jahr 2006 in Deutschland, 2007 URL: http://www.erneuerbare-energien.de/ files/pdfs/allgemein/application/pdf/hintergrund_zahlen2006.pdf

[14] Bundesministerium für Umwelt, Naturschutz und Reaktorsicherheit (BMU): (b): Erneuerbare Energien in Zahlen – nationale und internationale Entwicklungen, Berlin, 2006 URL:http://www.erneuerbare-energien.de/files/erneuerbare_energien/downloads/ application/pdf/broschuere_ee_zahlen.pdf

[15] Fritsche, U. R. et al.: Stoffstromanalyse zur nachhaltigen energetischen Nutzung von Biomasse. Endbericht des Verbundprojektes, gefördert vom BMU. Berlin, 2004

[16] Nitsch, J. et al.: Ökologisch optimierter Ausbau der Nutzung erneuerbarer Energien in Deutschland : Forschungsvorhaben im Auftrag des Bundesministeriums für Umwelt, Naturschutz und Reaktorsicherheit FKZ 90141803 ; Langfassung / [Deutsches Zentrum für Luft- und Raumfahrt (DLR), Institut für Technische Thermodynamik. Joachim Nitsch, Institut für Energie- und Umweltforschung (ifeu) ; Wuppertal Institut für Klima, Umwelt und Energie]. [Hrsg.: Bundesministerium für Umwelt, Naturschutz und Reaktorsicherheit (BMU), Referat Öffentlichkeitsarbeit. Jürgen Trittin. - Berlin [u.a.], 2004. - XIX, 285 S. : Ill.,graph. Darst. -(Umweltpolitik).

[17] Thrän, D. et al. : Nachhaltige Biomassestrategien im europäischen Kontext. Leipzig, Institut für Energetik und Umwelt, 2005.

[18] Knappe, F., Böß, A., Fehrenbach, H., Giegrich, J., Vogt, R., Dehoust, G., Schüler, D., Wiegmann, K., Fritsche, U. , Stoffstrommanagement von Biomasseabfällen mit dem Ziel der Optimierung der Verwertung organischer Abfälle. Im Auftrag des Umweltbundesamtes. Dessau: UBA, Bundesregierung (2005): Bericht zur Steuerbegünstigung für Biokraft- und Bioheizstoffe.2005) Drucksache 15/5816 vom 21.6.2005: deutscher Bundestag.

[19] Leible, L., Arlt, A., Fürniß, B., Kälber, S., Kappler, G., Lange, S., Nieke, E., Rösch, C., Wintzer, D. : Energie aus biogenen Rest- und Abfallstoffen. Bereitstellung und energetische Nutzung organischer Rest- und Abfallstoffe sowie Nebenprodukte als Einkommensalternative für die Land- und Forstwirtschaft. Möglichkeiten, Chancen und Ziele, Karlsruhe, Forschungszentrum Karlsruhe, Wissenschaftliche Berichte 6882, 2003

[20] European Environment Agency (EEA): How much biomass can Europe use without harming the environment?, Copenhagen, 2006

[21] Fachagentur Nachwachsende Rohstoffe (FNR): Nachwachsende Rohstoffe - alter Hut auf neuen Köpfen, Gülzow, 2006 http://www.fnr-server.de/cms35/ Nachwachsende_ Rohstoff.60.0.html (06.12.2006).

[22] Bayerische Landesanstalt für Umweltschutz (LfU): Biogashandbuch Bayern – Materialenband. Augburg, 2004

[23] Arnold, K. Rahmesohl, S., Grube, T., Menzer, R., Peters, R.: Strategische Bewertung der Perspektiven synthetischer Kraftstoffe auf der Basis fester Biomasse in NRW, Endbericht, Wuppertal, Wuppertal Institut für Klima, Umwelt und Energie GmbH, 2006

[24] Deutsche Energie Agentur (Dena): Biomass to Liquid – BtL Realisierungsstudie, Zusammenfassung, 2006, URL: http://www.dena.de/de/themen/thema-mobil/publikationen /publikation/btl-realisierungsstudie/ (Stand 05/2007)

[25] Fachagentur für Nachwachsende Rohstoffe (FNR):Leitfaden Bioenergie - Planung, Betrieb und Wirtschaftlichkeit von Bioenergieanlagen, Gülzow, 2005

[26] Fachagentur für Nachwachsende Rohstoffe (FNR): Handreichung Biogasgewinnung und – nutzung, Gülzow, 2005

[27] Keymer, U., Reinhold, G.: Grundsätze bei der Projektplanung (Kapitel 10), in: Handreichung Biogasgewinnung und –nutzung, Fachagentur Nachwachsende Rohstoffe (FNR) (Hrsg.), 3. überarbeitete Auflage, Gülzow, 2006

[28] Schindler, J., Weindorf, W.: Einordnung und Vergleich biogener Kraftstoffe – „Well-to-Wheel"-Betrachtungen, in: Technikfolgenabschätzung – Theorie und Praxis Nr.1, 15 Jg., April 2006, S.52, URL: http://www.itas.fzk.de/tatup/061/scwe06a.pdf, (Stand 01.2007).

[29] Institut für Energie- und Umweltforschung (IFEU): CO_2-neutrale Wege zukünftiger Mobilität durch Biokraftstoffe – Eine Bestandsaufnahme, Abschlussbericht. Heidelberg, FVV (Forschungsvereinigung Verbrennungskraftmaschinen), 2004, Heft 789

[30] Hermann, A., Taube, F.: Die energetische Nutzung von Mais in Biogasanlagen – Hinkt die Forschung der Praxis hinterher?, in: BMELV (Bundesministerium für Ernährung, Landwirtschaft und Verbraucherschutz): Berichte über die Landwirtschaft, Berlin, 2006, Heft 2, Band 84

[31] Rode, M., Schneider, C., Ketelhake, G., Reißhauer, D.: Naturschutzverträgliche Erzeugung und Nutzung von Biomasse zur Wärme- und Stromgewinnung, Bonn – Bad Godesberg: BfN. 2005, BfN-Skripten 136

[32] CONCAWE, EUCAR (European Council for Automotive R&D), European Commission - Joint Research Centre: Well-to-wheels analysis of future automotive fuels and powertrains in the European context, JRC, 2004

[33] CONCAWE, EUCAR (European Council for Automotive R&D), European Commission - Joint Research Centre: Well-to-wheels analysis of future automotive fuels and powertrains in the European context. JRC. Well-to-wheels report Version 2b, 2006

[34] Nussbaumer, T.: Holzenergie ja, aber wie: für Wärme, Strom oder Treibstoff? HK-Gebäudetechnik 3, 2006, S. 30 – 36. URL: www.verenum.ch

[35] Umweltbundesamt (UBA): Die Nebenwirkungen der Behaglichkeit: Feinstaub aus Kamin und Holzofen. Hintergrundpapier. Dessau, 09.03.2006

[36] Europäische Kommission (2006): Report from the Commission to the Council on the review of the Energy Crops Scheme and Proposal for a Council Regulation amending and correcting Regulation (EC) No 1782/2003 establishing common rules for direct support schemes under the common agricultural policy and establishing certain support schems for farmers and amending Regulation(C) No 1698/2005 on support for rural development by the European Agricultural Fund for Rural Development, 2006, Com(2006) 500final, Brüssel, 22.9.2006

[37] Europäische Kommission (2005): Biomass action plan. COM(2005) 628 final, Brüssel, 2005

[38] Europäische Kommission: Fahrplan für erneuerbare Energien. Erneuerbare Energien im 21. Jahrhundert: Größere Nachhaltigkeit in der Zukunft, KOM(2006)(2007c) 848 endg., Brüssel, 2007

[39] Bundesregierung: Perspektiven für Deutschland, Unsere Strategie für eine nachhaltige Entwicklung, Presse- und Informationsamt der Bundesregierung, Berlin, 2002

[40] Rat von Sachverständigen für Umweltfragen (SRU): Umwelt und Straßenverkehr, Hohe Mobilität – umweltverträglicher Verkehr, Sondergutachten, Baden-Baden, Nomos, 2005 URL: http://www.umweltrat.de/02gutach/downlo02/sonderg/ SG_Umwelt_und_Strassenverkehr2005_web.pdf

[41] Rat von Sachverständigen für Umweltfragen (SRU): Die nationale Umsetzung des europäischen Emissionshandels: Marktwirtschaftlicher Klimaschutz oder Fortsetzung der energiepolitischen Subventionspolitik mit anderen Mitteln?, Stellungnahme, April 2006

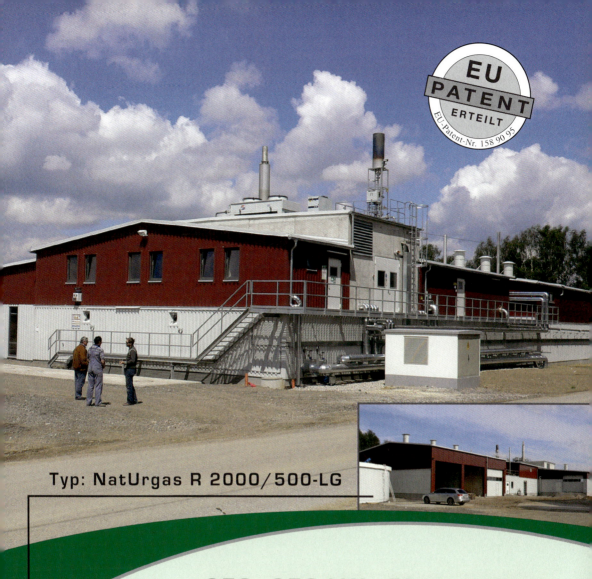

Typ: NatUrgas R 2000/500-LG

250 - 850 kW$_{el}$ Biogasanlage
als modularer Gebäudekomplex
Mit NatUrgas® in die Zukunft!

- Sehr niedriger Eigenstromverbrauch
- Hohe Abbauraten durch Pfropfenstromprinzip
- NaWaRo´s, Hühnerkot, Gülle, Grassilage
- Unser Know How – Ihr Gewinn!

Rückert NatUrgas GmbH
Marktplatz 17   D-91207 Lauf a. d. Pegnitz
Tel: +49 (0) 91 23/78 99-0   Fax: -29
www.rueckert-naturgas.de

Martin Faulstich, Stephan Prechtl [Hrsg.]

Verfahren & Werkstoffe für die Energietechnik: Band 3
Biomasse, Biogas, Biotreibstoffe… Fragen & Antworten

Wann ist die Verbrennung von Gärresten sinnvoll?

Dr. Dieter Korz

Ros Roca Internacional S.L.
Esslingen

ATZ Entwicklungszentrum, Sulzbach-Rosenberg
Verlag Förster Druck und Service, Sulzbach-Rosenberg

1 Einleitung

Biomassen aus Kommune, Industrie und Landwirtschaft werden in zahlreichen Biogasanlagen weltweit zur Herstellung des regenerativen Energieträgers Biogas eingesetzt. Als Einsatzstoffe für Biogasanlagen können zahlreiche Substrate wie organische Abfälle, Gülle, Mist, Energiepflanzen etc. verwendet werden. In der Biogasanlage werden die anaerob abbaubaren organischen Bestandteile der eingesetzten Substrate mikrobiell abgebaut und als Hauptprodukte des Stoffwechsels entstehen u.a. Methan und Kohlendioxid (Biogas). Die Biogasproduktion ist vor allem abhängig von der stofflichen Zusammensetzung der eingesetzten Substrate und der Verfahrenstechnik. Ein möglichst effizienter Abbau der anaerob abbaubaren organischen Substratbestandteile ist das primäre Ziel in Biogasanlagen um eine hohe Biogasmenge herzustellen.

Die Substrate, die in den Biogasanlagen eingesetzt werden haben unterschiedlich hohe Feuchtegehalte. Sie werden in den Biogasanlagen meistens in pumpfähiger Konsistenz verarbeitet. Die Substratverweilzeiten in Biogasanlagen sind sehr unterschiedlich und abhängig von der Verfahrenstechnik und den eingesetzten Substraten. Durch den Abbau organischer Substanz verringert sich der Massenstrom bezogen auf die zugeführte Feuchtmasse um ca. 10 % - 20 %. Das Gärsubstrat das kontinuierlich den Fermentern entnommen wird kann entweder direkt verwertet oder auf unterschiedlichste Weise weiterbehandelt werden. Die Verwertung oder Weiterbehandlung von Gärsubstrat ist abhängig von den eingesetzten Substraten und den standortspezifischen Gegebenheiten. Sie hängt natürlich auch wesentlich von der Vermarktungsstrategie des Anlagenbetreibers ab.

In den meisten Fällen wird das Gärsubstrat als Dünger / Bodenverbesserungsmittel zum Beispiel in der Landwirtschaft oder im Gartenbau eingesetzt. Die Nutzung von Gärsubstraten als Dünger oder Bodenverbesserer setzt allerdings voraus, dass es sich dabei um qualitativ hochwertige Produkte handelt, die die Umwelt nicht negativ beeinflussen. Die Qualität von Gärsubstraten ist abhängig von der Qualität der eingesetzten Substrate sowie der Verfahrenstechnik insbesondere der Aufbereitungstechnik in den Biogasanlagen. In zahlreichen europäischen Normen und Richtlinien sind die Qualitätskriterien hinsichtlich der Schwermetallkonzentrationen, der Störstoffgehalte sowie der Nährstoffgehalte festgelegt. Abhängig von den eingesetzten Substraten kann nicht immer sicher gewährleistet werden, dass die vorgeschriebenen Grenzwerte auch eingehalten werden können. Es sind dann alternative Wege für die Gärrestverwertung zu beschreiben. Eine alternative Verwertung ist die Verbrennung von Gärresten.

2 Gärsubstratbehandlung

Das Gärsubstrat aus der Biogasanlage kann entweder direkt in flüssiger Form landwirtschaftlich verwertet bzw. durch weitere Behandlungsschritte aufbereitet werden. Die flüssige Ausbringung von Gärsubstrat aus landwirtschaftlichen Biogasanlagen auf den landwirtschaftlichen Flächen wird häufig praktiziert. In zahlreichen Biogasanlagen wird das Gärsubstrat entwässert wobei ein fester und ein flüssiger Gärrest hergestellt werden. Der Entwässerung können sich abhängig von den standortspezifischen Anforderungen und den vermarktungsstrategischen Überlegungen der Anlagenbetreiber weitere Aufbereitungsschritte anschließen.

In der Regel muss das Überschusswasser aus der Biogasanlage entsprechend den standortspezifischen Einleitbedingungen in eine kommunale Kläranlage oder im Falle der Direkteinleitung aufbereitet werden. Es kommen meist mechanisch-biologische Verfahren wie Nitri-/Denitrifikationsprozesse oder Trennprozesse wie Ultrafiltration und Umkehrosmose zum Einsatz um das Überschusswasser aufzubereiten.

Für den festen Gärrest sind ebenfalls in Abhängigkeit von den standortspezifischen und gesetzlichen Vorschriften sowie den Vermarktungsstrategien weitere Aufbereitungsschritte erforderlich. In der Praxis kommen folgende Verfahren zum Einsatz:

- Störstoffabtrennung
- Nachrotte
- Nassoxidation
- Trocknung

Eine Störstoffabtrennung ist dann erforderlich wenn vor der Behandlung im Fermenter Störstoffe unvollständig separiert werden zum Beispiel bei Trockenvergärungsverfahren. Bei diesen Verfahren ist eine Separierung von Kunststoffen, Glas etc. nach der Vergärung durch Siebung, Windsichtung erforderlich. Bei Nassvergärungsverfahren werden Störstoffe wie Kunststoffe, Steine, Glas etc. vor der Vergärung bereits effizient separiert. Die Separierung von Störstoffen ist ein sehr wichtiger Verfahrensschritt wenn gütegesicherte Gärreste hergestellt werden die als Dünger oder Bodenverbesserungsmittel eingesetzt werden. Die Qualität gütegesicherter Gärreste wird regelmäßig von unabhängigen Labors kontrolliert.

Eine aerobe Nachbehandlung (Nachrotte) fester Gärreste wird durchgeführt um eine weitere Stabilisierung und Trocknung des Gärrestes zu erreichen. Für die Nachrotte können unterschiedliche Systeme wie beispielsweise Tunnelkompostierungsverfahren eingesetzt werden. Bei der aeroben Nachbehandlung wird der Gärrest belüftet. Durch die Wärmeentwicklung beim Rotteprozess verdampft Wasser und das Material wird gleichzeitig getrocknet. Es besteht die Möglichkeit die Zuluft zur Rotteanlage mit Abwärme des Blockheizkraftwerkes aufzuheizen um eine möglichst effiziente Trocknung des Gärrestes zu erreichen. Durch die aerobe Nachbehandlung des Gärrestes wird noch organische Trockensubstanz abgebaut und das Material dadurch biologisch weiter stabilisiert. Der Energiegehalt des Gärrestes wird somit durch die aerobe Nachbehandlung weiter reduziert. Die aerobe Stabilisierung des Gärrestes ist von großer Bedeutung bei der mechanisch-biologischen Restabfallbehandlung. Endprodukte solcher Behandlungsverfahren sollen deponiert werden und es müssen die gesetzlich vorgeschriebenen Grenzwerte wie AT_4 oder TOC_{Eluat} bzw. der maximale Heizwert eingehalten werden.

Eine Verfahrensvariante zur Gärsubstratbehandlung ist die so genannte Nassoxidation die in mechanisch-biologischen Abfallbehandlungsanlagen zur Anwendung kommt. In der Nassoxidationsanlage wird das flüssige Gärsubstrat mehrere Tage intensiv belüftet. Ziel der Nassoxidation ist die weitere aerobe Stabilisierung d.h. der Abbau von Organik sowie der Abbau von Ammoniak das als Endprodukt des Proteinabbaus in anaeroben Prozessen entsteht. Das aerob stabilisierte Gärsubstrat wird dann entwässert und ggf. getrocknet. Der entwässerte Gärrest muss ohne weitere Nachbehandlung die Grenzwerte der Abfallablagerungsverordnung erfüllen um eine Deponierung zu ermöglichen. Auch bei der Nassoxidation wird wie bei der Nachrotte der Heizwert des Gärrestes durch den aeroben Abbau von organischer Trockensubstanz weiter reduziert.

Gärreste können auch direkt einer thermischen Trocknung unterzogen werden. Durch die Trocknung wird die Gärrestmasse deutlich reduziert. Als Trockner kommen beispielsweise Bandtrockner zum Einsatz die auch bereits in kommunalen Kläranlagen zur Trocknung des Klärschlamms eingesetzt werden. Da bei den Trocknungsverfahren keine weitere aerobe Stabilisierung erfolgt wird der Heizwert des Gärrestes nicht weiter reduziert. Da durch die Verdampfung großer Wassermengen der Heizwert des Gärrestes erhöht wird, ist die Trocknung eine geeignete Vorbehandlung vor einer möglichen thermischen Verwertung.

3 Thermische Verwertung von Gärresten

Ziel der biologischen Behandlung von organischen Abfällen ist entweder die stoffliche Nutzung der produzierten Gärreste bzw. im Falle von MBA-Anlagen deren effiziente biologische Stabilisierung. Durch die biologische Behandlung wird in beiden Fällen abhängig von der Qualität des Substrates und der Verfahrenstechnik ein hoher Anteil der biogen-organischen Abfallfraktion reduziert. Im Falle der Kompostierung entsteht als Abbauprodukt Kohlendioxid und im Falle der Vergärung Methan und Kohlendioxid. Durch den biologischen Abbau der biogen-organischen Fraktion wird der Energiegehalt des Gärrestes und somit der Heizwert deutlich reduziert. Für die Ablagerung von stabilisierten Gärresten aus der MBA soll der obere Heizwert auf < 6.000 kJ/kg reduziert werden. Dieser Wert entspricht etwa 50 % des Heizwertes von Holz. Wie an anderer Stelle schon erläutert, haben feste Gärreste noch relativ hohe Wassergehalte, so dass vor einer thermischen Verwertung noch eine Trocknung stattfinden sollte um dessen Heizwert zu erhöhen.

Vor dem Hintergrund des in der Regel niedrigen Heizwertes von Gärrest und der Kosten für die thermische Verwertung ist eine Verbrennung sicherlich erst dann sinnvoll wenn die Gärrestqualität eine stoffliche Verwertung nicht ermöglicht bzw. die Kosten für die Deponierung von stabilisiertem Gärrest zu hoch sind.

Praktiziert wird die thermische Verwertung bereits bei der Klärschlammentsorgung, da die landwirtschaftliche Nutzung aufgrund der Schadstoffgehalte und des Wettbewerbes mit anderen Düngern wie Bioabfallkompost die Verwertung erschweren. Der Klärschlamm wird in der Regel aus den oben genannten Gründen getrocknet vor der Verbrennung.

Problematisch ist möglicherweise auch die landwirtschaftliche Verwertung von Gärresten die aus Abfällen entstehen die tierische Nebenprodukte enthalten. Da diese Substrate einen sehr hohen Energieinhalt aber auch einen hohen Wassergehalt haben ist deren Verwertung als Co-Substrat zur Biogaserzeugung in Biogasanlagen grundsätzlich sinnvoll. Die Abfälle müssen in der Biogasanlage hygienisiert werden. Eine landwirtschaftliche Nutzung des Gärrestes kann jedoch Akzeptanzprobleme hervorrufen.

Eine thermische Verwertung von Gärresten die aus getrennt erfassten organischen Abfällen zum Beispiel Bioabfällen hergestellt werden, wird derzeit sinnvollerweise nicht praktiziert.

4 Zusammenfassung

Gärreste entstehen als Endprodukt in Biogasanlagen und werden in den meisten Fällen als Dünger / Bodenverbesserungsmittel in der Landwirtschaft oder anderen Bereichen zum Beispiel im Landschaftsbau eingesetzt. Vorraussetzung für diese stoffliche Verwertung ist ein qualitativ hochwertiger Gärrest der die gesetzlichen Vorschriften hinsichtlich der Schad- und Störstoffgrenzwerte erfüllt. Gärreste die aus getrennt erfassten organischen Abfällen hergestellt werden erfüllen in der Regel die gesetzlichen Anforderungen.

Es ist möglich, qualitativ hochwertige Gärreste aus getrennt gesammelten Bioabfällen herzustellen die stofflich verwertet werden können.

Inwieweit trotzdem eine thermische Verwertung von qualitativ hochwertigem Gärrest wirtschaftlich sinnvoll ist muss letztendlich standortspezifisch vom Anlagenbetreiber entschieden werden.

Gärreste entstehen auch als ein Endprodukt in MBA-Anlagen wobei hier in erster Linie die effiziente biologische Stabilisierung zur Ablagerung auf einer Deponie verfolgt wird. In einigen europäischen Ländern wird Gärrest der aus Hausmüll hergestellt wird auch landwirtschaftlich genutzt. Aufgrund des hohen Anteiles an Schad- und Störstoffen im Haus- bzw. Restmüll ist die Einhaltung der gesetzlichen Qualitätsanforderungen und die Nutzung der Gärreste in der Landwirtschaft erschwert. Mit effizienten Aufbereitungsverfahren in den MBA-Anlagen kann jedoch die Gärrestqualität stark verbessert werden.

Ziel der biologischen Behandlung der organischen Abfälle ist es möglichst viel Biogas herzustellen und das Material effizient zu stabilisieren. Dadurch wird Gärrest mit einem geringen Heizwert hergestellt. In der Abfallablagerungsverordnung sind Grenzwerte für den maximalen Heizwert für stabilisierte Produkte als Deponiematerial festgelegt.

Sofern eine stoffliche Verwertung des Gärrestes aufgrund schlechter Qualität oder problematischem Inputmaterial nicht möglich ist eine thermische Verwertung jedoch sinnvoll und wahrscheinlich auch die einzige Verwertungsmöglichkeit. Der Gärrest sollte jedoch vor der Verbrennung getrocknet werden um den Heizwert zu erhöhen. Für die Trocknung können beispielsweise Bandtrockner eingesetzt werden. Die erforderliche thermische Energie kann vom Blockheizkraftwerk das üblicherweise zur Biogasverwertung eingesetzt wird entnommen werden.

Die thermische Verwertung von Gärresten kann unter bestimmten Rahmenbedingungen sinnvoll sein. Es sollte jedoch auch aus wirtschaftlichen Überlegungen nach Möglichkeit eine stoffliche Verwertung angestrebt werden.

Martin Faulstich, Stephan Prechtl [Hrsg.]
Verfahren & Werkstoffe für die Energietechnik: Band 3
Biomasse, Biogas, Biotreibstoffe… Fragen & Antworten

Versuch einer Antwort auf die Frage "Was brennt besser, Getreide oder Stroh?"

Dipl.-Ing. Fritz Grimm

Grimm GmbH & Co. KG
Amberg

ATZ Entwicklungszentrum, Sulzbach-Rosenberg
Verlag Förster Druck und Service, Sulzbach-Rosenberg

1 Warum ausgerechnet Getreide und Stroh?

Gerade in Zeiten knapper werdender fossiler Brennstoffe und steigender Heizöl- und Erdgaspreise werden alternative Brennstoffe zur thermischen Nutzung wieder einmal neu entdeckt.

Neben den bereits genutzten Biomasse-Arten wie Scheitholz, Hackgut und Holzpellets ist man auf der Suche nach weiteren Möglichkeiten aus Biomasse Wärme und Energie zu gewinnen. Getreide und Stroh gewinnen deshalb wieder an Bedeutung.

Zurzeit sind nur wenige Kleinfeuerungsanlagen auf dem Markt, welche für eine energetische Nutzung der Brennstoffe Getreide und Stroh geeignet sind, neue Lösungen sind deshalb gefragt.

Das ATZ Entwicklungszentrum betreibt zur Zeit in Kooperation mit der Fritz Grimm GmbH & Co. KG, der Herding GmbH Filtertechnik und der Fachhochschule Amberg – Weiden die Neuentwicklung einer angepassten Feuerungs- und Abgastechnik für diese Brennstoffe. Das vom Bundesministerium für Verbraucherschutz, Ernährung und Landwirtschaft geförderte Projekt zielt auf eine Kleinfeuerungsanlage mit bis zu 49 kW thermischer Leistung zum Einsatz in landwirtschaftlichen Wohn- und Betriebsgebäuden ab. Als Brennstoffe werden Getreidekörner und Strohpellets eingesetzt.

2 Traumhafter Brennstoff oder Albtraum eines Brennstoffes?

Ein mit Fusarien befallenes Getreide darf der Nahrungskette nicht mehr zugeführt werden, die so genannten Verschnitte müssen entsorgt werden. Stroh wird, da es in der Landwirtschaft kaum mehr benötigt wird, bei der Getreideernte mit Hilfe von Strohhäckslern zerkleinert auf dem Feld zurück gelassen, um anschließend mit dem Pflug in den Boden eingearbeitet zu werden.

Getreide und Stroh sind also in Mengen vorhanden und zudem sehr kostengünstig.

Doch treten bei der energetischen Verwertung von Getreide und Stroh in Zentralheizungen Probleme bezüglich der Betriebssicherheit und der entstehenden Emissionen auf:

- Verschlackung des Brenners
- Erhöhte NO_x und Staubemissionen
- Korrosionsgefahr durch HCl

Ziel des oben erwähnten Projektes ist es diese Schwierigkeiten zu untersuchen und Lösungen zu finden, um eine Antwort auf die Frage „Was brennt besser, Getreide oder Stroh?" geben zu können.

3 Wie aufwendig muss eine geeignete Feuerung sein?

Um eine Antwort auf die gestellte Frage geben zu können, bedarf es einer für Getreide und Stroh konzipierten Feuerung. Herkömmliche auf dem Markt befindliche Feuerungen sind dafür nicht oder nur eingeschränkt geeignet.

3.1 Gesetzliche Rahmenbedingungen

Von den beiden zu diskutierenden Brennstoffen ist zurzeit lediglich Stroh als Regelbrennstoff gemäß der 1. BImSchV in Feuerungen mit mehr als 15 kW Feuerungswärmeleistung zugelassen.

Es zeichnet sich jedoch ab, dass im Zuge der Novellierung der 1. BImSchV Getreide als Regelbrennstoff zugelassen wird. Weitere geplante Änderungen sind die Reduzierung der zulässigen CO-Emissionen sowie eine drastische Verschärfung der erlaubten Staub-Grenzwerte. Eine Einhaltung der dann geltenden höchstzulässigen Staub-Grenzwerte wird ohne sekundäre Maßnahmen nicht mehr möglich sein.

Ein Eckpunktepapier dazu vom 10.11.2006 sieht für Anlagen zwischen 4 kW und 500 kW folgende Werte vor:

Tabelle 1: Schadstoffe (Angaben in mg/m^3_N bei 11 % O_2-Bezug)

Schadstoffe	Stufe 1 (Errichtung 3 Monate nach Inkrafttreten)	Stufe 2 (Errichtung nach 31.12.2014)
CO	1.000	400
NO$_x$	600	500
Gesamt-C	-	-
Staub	60	20
PCDD / F	-	0,1 ng/m^3_N

3.2 Feuerung

Bei der Gestaltung der Feuerung gilt es zu erwartende Schwierigkeiten durch entsprechende Konstruktion weitestgehend zu vermeiden. Die nachfolgende Beschreibung der einzelnen Feuerungselemente ist sinnvoll und notwendig, um bei der späteren Auswertung der einzelnen Versuchsmessreihen Ursachen und Auswirkungen verstehen zu können.

3.2.1 Brenner

Bei der neu gestalteten Feuerung handelt es sich brennerseitig um einen Stufenrost mit abreinigenden Ascheschiebern.

Aus Gründen der Wartungsfreundlichkeit und der gewünschten Kontrollmöglichkeiten ist der Brenner konstruktiv vom eigentlichen Wärmetauscher entkoppelt.

Die einzelnen Roststufen sind teils luftgekühlt, teils wassergekühlt, um ein Anbacken der Schlacke zu vermeiden. Seitliche Brennerwände sowie der Brennerdeckel sind mit Feuerfestkeramik ausgekleidet. Zum Entzünden des Brennstoffes wird ein Heißluftgebläse verwendet. Die Zuführung der Primärluft erfolgt einzeln regelbar über die Roststufen von unten in den Brennstoff bzw. in das Glutbett. Der den Brenner umgebende Wassermantel führt mittels Umwälzpumpe die Strahlungswärme den Verbrauchern zu.

Aufgrund der großen Aschemenge und um einer Versinterung oder Schlackebildung und daraus resultierenden Betriebsstörungen vorzubeugen, sind über den einzelnen Roststufen Ascheschieber angeordnet.

Bild 1:   Geöffneter Stufenrost, Draufsicht

3.2.2 Reduktionskammer, Durchmischungselemente und Nachbrennkammer

Um in einer Feuerung geringe CO-Emissionen zu erreichen, bedarf es einer entsprechend hohen Reaktionstemperatur, genügend Verweilzeit der Rauchgase und einer intensiven Durchmischung. Analoges gilt für NO_x-Emissionen.

Darüber hinaus bedarf es einer gestuften Verbrennung, um eine Stickoxidreduzierung zu erzielen. In der so genannten Reduktionszone, welche dem Brenner nachgeschaltet ist, erfolgt eine unterstöchiometrische Verbrennung, welche der Reduktion von NO dient. Anschließend gelangen die Rauchgase in ein Durchmischungselement, in welchem die Rauchgase mit Sekundärluft vermischt werden. Der anschließende Ausbrand erfolgt in einer isolierten Nachbrennkammer.

Im Rahmen der Versuchsreihe wurden zwei verschiedene Durchmischungselemente getestet.

Bei den ersten Versuchsreihen wurde ein Mischzyklon eingesetzt, in welchem das aus der Reduktionszone ausströmende Rauchgas tangential eingeleitet wird. Nach einer erfolgten Durchmischung verlässt es über seitlich angeordnete Ausströmöffnungen den Zyklon.

Versuch einer Antwort auf die Frage „Was brennt besser, Getreide oder Stroh?"

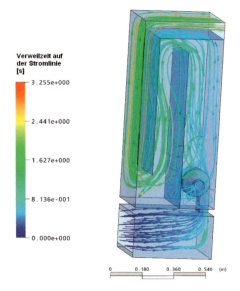

Bild 2:   *Numerische Simulation des Mischzyklon mit Reduktionszone und Nachbrennkammer*

Bild 3:   *Eingebauter Mischzyklon und Nachbrennkammer (Draufsicht)*

Im weiteren Verlauf der Versuche wurde ein eigens dafür berechneter und gebauter zweiter Mischzyklon, der „VB-Brenner" eingesetzt.

Dieser funktioniert nach dem Vortex-Breakdown-Prinzip (Prinzip des zusammenbrechenden Wirbels). In diesem wird das Rauchgas-Sekundärluft-Gemisch mit einem „zusammenbrechenden

Gaswirbel" durchmischt. Die dargestellten Pfeile zeigen die Drehrichtung des Wirbels. Bedingt durch die Fliehkräfte entsteht im Kern der Wirbelströmung ein Unterdruckgebiet. Dadurch strömt im Zentrum des Wirbels das Rauchgas entgegen der Hauptströmung von oben nach unten. Dies bewirkt eine sehr intensive Durchmischung der Rauchgase mit der Sekundärluft.

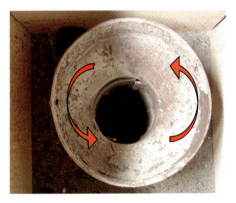

Bild 4:   VB-Brenner (Draufsicht)

Nach dem Verlassen der wahlweise eingesetzten Durchmischungselemente gelangen die Rauchgase in die isolierte Nachbrennkammer, um dort ausbrennen zu können. Um eine möglichst große Verweildauer der Rauchgase zu ermöglichen, wurde das Volumen der Nachbrennkammer großzügig dimensioniert.

3.2.3 Wärmetauscher

Der Nachbrennkammer nachgeschaltet ist ein Rohrbündelwärmetauscher. Aufgrund der zu erwartenden hohen Staubemission kann dieser von außen auch während des Betriebes mittels Abreinigungsspiralen gesäubert werden.

Bild 5:   Kesselkörper mit Wärmetauscher

Versuch einer Antwort auf die Frage „Was brennt besser, Getreide oder Stroh?"

Bild 6: Wärmetauscher mit Abreinigung

3.2.4 Filtertechnik

Bedingt durch die zu erwartenden hohen Staubemissionen und die in Zukunft geltenden strengeren Abgas-Vorschriften ist der Betrieb einer Getreide- oder Strohfeuerung ohne Staubfilter nicht denkbar. Im Zuge der Versuchsreihen werden deshalb zwei Filter getestet.

Einer der beiden Filter ist ein Schüttschichtfilter des ATZ Entwicklungszentrums. Eine Schüttschicht aus Quarzkies bzw. Basaltsplit wird hier von den Rauchgasen durchströmt, der Staub soll sich in der Schüttung ablagern.

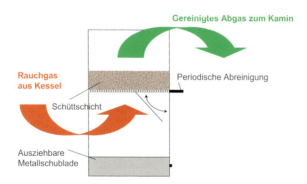

Bild 7: Schüttschichtfilter des ATZ

Beim zweiten eingesetzten Filter handelt es sich um einen „Alpha-Filter" der Firma Herding Filtertechnik. Dieses temperaturbeständige Filterelement wird bereits seit Jahren mit Erfolg verkauft.

Fritz Grimm

Bild 8: Filterelement der Firma Herding Filtertechnik

3.3 Prüfstandsaufbau

Die Feuerung ist am Prüfstand der Fachhochschule Amberg-Weiden installiert.

Vor Beginn der Versuchsreihen wurde die Feuerung für Optimierungsmaßnahmen eine Heizperiode lang betrieben, um ein bestimmtes Maß an Betriebssicherheit zu gewährleisten.

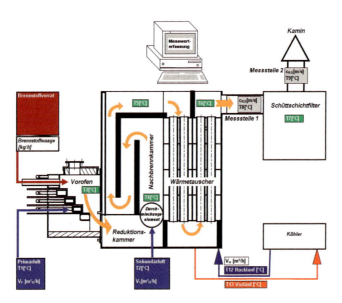

Bild 9: Prüfstandsaufbau

4 Wie verliefen die Versuche?

4.1 Versinterung und Schlackebildung

Die Versuche wurden sowohl mit Getreide, als auch mit Strohpellets gefahren. Als Getreidebrennstoffe kamen Winterweizen und Wintergerste zum Einsatz, die Strohpellets bestanden aus Weizenstroh und Roggenstroh.

4.1.1 Versuche dazu mit Getreide

Die ersten Versuchsreihen wurden mit Getreide gefahren. Bei den ersten Versuchen mit Getreide konnte folgendes festgestellt werden:

Kurz nach der Brennstoffaufgabe in den Brenner begann die Entgasungsphase der Getreidekörner. Die entweichenden Rauchgase bewirkten ein Verkleben der Körner, was zu Versinterungen und Klumpenbildung führte. Die Größe der Klumpen betrug zwischen 2 cm und 10 cm, allerdings wiesen diese Versinterungen keine große Konsistenz auf. Diese Versinterungen verhindern einen vollständigen Ausbrand des darin befindlichen Brennstoffes, der Wirkungsgrad der Anlage reduziert sich damit um den Verlust der unverbrannten Bestandteile in der Asche.

Erst ein exaktes Einregulieren von Primärluft und Verweilzeit auf dieser Brennerstufe, gesteuert durch die Laufzeit der Ascheschieber, reduzierten die Versinterungen. Die Betriebssicherheit der Anlage wurde durch die Versinterungen nicht beeinträchtig.

Bild 10:   Versinterungen bei Gerste

Um bei weiteren Versuchen mit Getreide der Versinterung entgegenzuwirken, wurde über der zweiten Brennerstufe in einem bestimmten Abstand eine „Brennstoff-Schikane" eingebaut. Der dieser Brennerstufe zugeordnete Ascheschieber wurde mit „Spikes" versehen.

Im Betrieb konnte wie erwartet festgestellt werden, dass versinterte Getreidekörner mittels des Ascheschiebers mit den darauf aufgebauten Spikes gegen die Schikane gedrückt wurden und dabei die Versinterung aufgebrochen wurde. Ein Teil des Brennstoffes wurde durch den Spalt hindurch auf die nächste Brennerstufe gefördert, um dort ohne weitere Versinterungen ausbrennen zu können.

Bild 11: Ascheschieber mit Spikes und Schikane

Eine störende Schlackebildung bei den Versuchen mit Getreide konnte zu keiner Zeit festgestellt werden. Auch wurde ein gleichmäßiger und intensiver Ausbrand der Asche erreicht.

Bild 12: Aschenausbrand bei Getreide

4.1.2 Versuche dazu mit Stroh

Bei den Versuchen mit Stroh konnten hingegen keine Versinterungen beobachtet werden. Im Vergleich zum Brennstoff Getreide wurden ein besseres Zündverhalten und ein schnellerer Ausbrand festgestellt. Kritisch hingegen ist das Problem der Schlackenbildung.

Bei Versuchen mit dem Brenner im ursprünglichen Zustand (also ohne „Brennstoff-Schikane" und ohne „Spikes" auf dem Ascheschieber) begann eine Verschlackung des Brennraumes von den seitlichen nicht gekühlten Flanken aus Feuerfestbeton. Mit fortlaufender Versuchsdauer bildete sich davon ausgehend eine Schlackenbrücke quer über den gesamten Brenner. Ein weiteres Fortführen des Versuches war nicht mehr möglich.

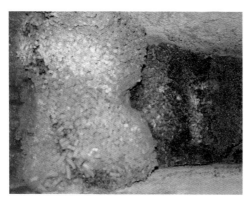

Bild 13: Schlackenbrücke bei Stroh (Draufsicht)

Aufgrund der gekühlten Roststufen und der dadurch kühleren Ascheschieber konnte dort kein Anbacken der Schlacke festgestellt werden. Erstarrte Schlackenschmelze konnte mittels der Schieber abgetragen werden.

In einem weiteren Versuch wurde auf einer Roststufe der bereits bei Getreide eingesetzte Aschenschieber mit „Spikes" verwendet, um Schlacke aus dem Brennraum weiter zu transportieren. Der größere Abstand dieser „Spikes" zur kühlenden Brennerstufe verursachte auch dort ein Anbacken der Schlacke.

Bild 14: Spike mit Schlacke

Erst der Einbau von dem „Schlackeabstreifer" am seitlichen Ende der Ascheschieber konnte das Anbacken von Schlacke an den heißen seitlichen Flanken des Brennraumes verhindern.

Eine ständige Bewegung der Ascheschieber ist jedoch notwendig um Verschlackungen an den folgenden Brennerstufen zu vermeiden.

Bild 15: Ascheschieber mit seitlichen Abstreifern

Bei einem geplanten und zurzeit in der Herstellung befindlichen zweiten Brenner werden die gewonnenen Erkenntnisse konstruktiv bereits umgesetzt. Eine abgeänderte Rostflankenkühlung sowie optimierte Rostformen und Aschenschieber werden dort zum Einsatz kommen.

4.2 Gefahr durch Korrosion

Bedingt durch den höheren Chlorgehalt von Getreide und Stroh ist an den Bestandteilen der Feuerung mit Korrosion zu rechnen. Ein Verzicht auf chloridhaltige Düngemittel würde den Chlorgehalt im Brennstoff reduzieren. Trotzdem ist besonders im Anfahrbetrieb durch die Kondensation der Rauchgase ein erhöhter Verschleiß der Anlagenkomponenten und des Wärmetauschers durch HCl und auch H_2SO_4 zu erwarten.

Vom ATZ wurden deshalb 6 Korrosionssonden angefertigt, welche nach Abschluss der Versuchsreihen auf Ihren Korrosionsverschleiß hin untersucht werden. Dabei sind sowohl unbeschichtete als auch beschichtete Werkstoffproben zum Einsatz gekommen.

Bild 16: In der Feuerung angebrachte Korrosionssonden

5 Welche Emissonswerte wurden gemessen?

Aufgrund der Vielzahl von Messreihen ist es in diesem Vortrag nicht möglich sämtliche Versuche einzeln zu beschreiben. Doch lassen sich auf Grund der Auswertungen zusammenfassende Aussagen über das Emissionsverhalten von CO, NO_x und Staub tätigen.

5.1 Emissionsverhalten von CO und NO_x

Wie erwartet zeigte es sich, dass die bekannten Voraussetzungen für eine schadstoffarme Verbrennung (Verweilzeit auf hohem Temperaturniveau und eine ausreichende Vermischung der Rauchgase mit Sekundärluft) Grundlagen für eine optimale Verbrennung sind. Der Einsatz des VB-Brenners brachte eine weitere Reduzierung der CO-Emissionen mit sich.

Weiterhin konnte beobachtet werden, dass unregelmäßige Entaschungsvorgänge der Rostschieber sowie die Bildung von Versinterungen oder Schlacke CO-Spitzen mit sich brachten. Um diese CO-Spitzen zu vermeiden, müssen die Entaschungsvorgänge gleichmäßiger und feinfühliger durchgeführt werden, was beim zweiten noch einzusetzenden Vorofen angestrebt wird. Niedrige CO-Emissionen wurden erreicht bei Temperaturen oberhalb 700 °C, gemessen in der Nachbrennkammer.

Der Feuerungsaufbau auf Grundlage einer gestuften Verbrennung erwies sich in Hinblick auf eine NO_x-reduzierende Maßnahme als richtig. Als optimale Temperaturen im Vorofen (unterstöchiometrischer Bereich) erwies sich ein Temperaturniveau von über 900 °C.

Bei den eingesetzten Brennstoffen Gerste, Weizen, Roggenstroh und Weizenstroh wurden bezüglich der CO-Werte keine deutlichen Unterschiede festgestellt. Bei der Verbrennung von Weizen wurden aber höhere NO_x-Emissionen gemessen, verglichen mit den anderen Referenzbrennstoffen. Dies ist auf einen höheren Stickstoff-Gehalt bei Weizen zurückzuführen.

Bei den Brennstoffen Gerste, Roggen- und Weizenstroh lagen die NO_x-Werte bei ca. 350 mg/m³$_N$, beim Weizen betrugen diese Werte ca. 550 mg/m³$_N$. Diese Werte entsprechen den gemittelten Werten aus den Versuchen.

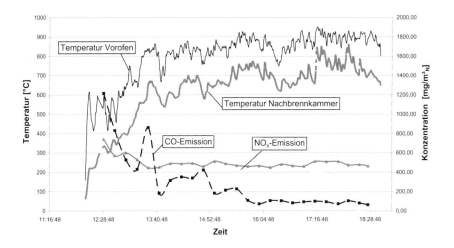

Bild 17: Emissionsverhalten von Gerste

5.2 Staubemissionen

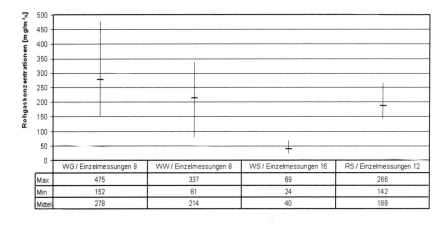

Bild 18: Zusammenfassung der Rohgasstaubgehalte

Dieses Bild zeigt, dass die Rohgasstaubgehalte bei den Getreidebrennstoffen höher als bei den Strohbrennstoffen sind. Auffallend ist der geringe Staubgehalt bei Weizenstroh.

Der eingesetzte Schüttschichtfilter des ATZ konnte dabei einen Staubabscheidegrad von bis zu 79 % erzielen.

6 Was brennt nun besser, Getreide oder Stroh?

Um diese Frage beantworten zu können, müssen nun die beiden Brennstoffarten auf Ihr Verhalten bezüglich der Betriebssicherheit, der CO- und NO_x-Emissionen als auch der Staub-Emissionen verglichen werden.

In Punkto Betriebssicherheit ist Getreide der bessere Brennstoff. Die sich teilweise bildenden Versinterungen stellen keine Störquelle dar, die bei der Entaschung entstehenden CO-Spitzen können durch gleichmäßigere Schieberbewegungen reduziert werden.

Ein Anbacken der Schlacke bei der Verbrennung von Stroh muss möglichst vermieden werden, da dies zu Störungen an der Anlage im Betrieb führen kann.

Punktegleichstand herrscht bei der Beurteilung der gemessenen CO-Werte. Keiner der eingesetzten Brennstoffe konnte deutliche Vorteile diesbezüglich aufweisen. Wertet man die erhöhten NO_x-Emissionen bei Weizen, ist hierbei das Stroh im Vorteil. Ohne den Brennstoff Weizen wäre auch hier ein Unentschieden erzielt worden.

Vorteile bei der Beurteilung der gemessenen Staubgehalte hat Stroh als Brennstoff. Besonders der geringe Staubgehalt bei Weizen bringt hier deutliche Pluspunkte.

Da aber die ab 01.01.2015 einzuhaltenden Grenzwerte bei Staub nur mit Hilfe von Sekundärmaßnahmen (beispielsweise Filter) erreicht werden, kann dieser Vorteil nicht als solcher gewertet werden.

Trotz eines Unentschieden der bis hier angestellten Vergleiche bin ich der Auffassung, dass Getreide besser brennt, da ein Anbacken der Schlacke die Betriebssicherheit der Feuerung entscheidend reduziert.

Ein Aspekt, welcher bis jetzt noch nicht betrachtet wurde, ist die Möglichkeit der Verwertung des Brennstoffes in seiner ursprünglichen Form. Getreide kann in seiner Form nach der Ernte direkt eingesetzt werden, Stroh hingegen muss gehäckselt und pelletiert werden, um ohne aufwendige Mechanismen der Feuerung zugeführt werden zu können.

Getreide ist deshalb der Brennstoff, der besser brennt und ohne weitere Bearbeitungsschritte energetisch verwertet werden kann.

www.cowatec.com

Cowatec AG . Schmidmühlener Strasse 53 . D-93133 Burglengenfeld . T +49.9471.3075.0 . E info@cowatec.com

Wir bauen Ihren Biogas-Profi.

. Unterstützung Ihrer Finanzplanung
. Genehmigungs- & Ausführungsplanung
. Hochwertigste Anlagenkomponenten
. Schlüsselfertiger Biogasanlagenbau mit Inbetriebnahme

Mit Kompetenz zu Effizienz.

. Biogasanlagen-Optimierungs-Programm (bop):
Kompetente prozessbiologische Begleitung, Laboranalysen, Fachberatung zu Fütterung, Optimierung und Wartung sowie zum Energiepflanzenanbau
. Gasertragssteigerung um bis zu 35% durch Enzym-Turbo MetthaPlus

Martin Faulstich, Stephan Prechtl [Hrsg.]

Verfahren & Werkstoffe für die Energietechnik: Band 3
Biomasse, Biogas, Biotreibstoffe... Fragen & Antworten

Wie sieht die Biomassenutzung in Hochtemperaturprozessen aus?

Prof. Dr.-Ing. Helmut Seifert
Prof. Dr.-Ing. Thomas Kolb
Dr. Andreas Hornung

Forschungszentrum Karlsruhe
Karlsruhe

ATZ Entwicklungszentrum, Sulzbach-Rosenberg
Verlag Förster Druck und Service, Sulzbach-Rosenberg

1 Einleitung

Feste Energieträger werden in unterschiedlichen Branchen wie zum Beispiel Kraftwerke, Verkehr, Chemie, Grundstoffindustrie und Hüttenwesen zur Erzeugung von Strom und Wärme, aber auch zur Herstellung von stofflich genutzten Produkten wie zum Beispiel Synthesegas eingesetzt. Der Energieträger Biomasse gewinnt dabei zunehmend an Bedeutung. Biomasse kann sowohl als Rest- und Abfallstoff anfallen (nach [1] ca. 70 Mio Mg / a in Deutschland), aber auch speziell als Energieträger angebaut werden (Bild 1).

In jedem Fall ist für eine Nutzung eine mehrstufige Konversion erforderlich, die sich grundsätzlich in physikalisch-chemische, biochemische und thermochemischen Verfahren einteilen lässt [1].

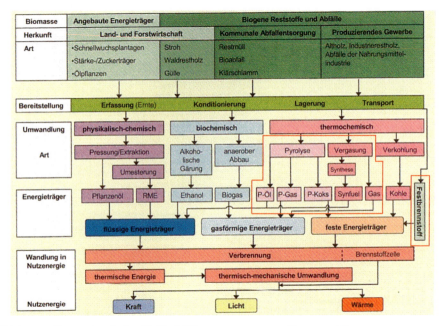

Bild 1: Konversionsketten für Kraft-Wärmeerzeugung aus Biomasse [1]

In diesem Beitrag soll nur die letzt genannte Gruppe – auch als Hochtemperaturprozesse beschrieben – betrachtet werden. Bei diesen Prozessen handelt es sich um Pyrolyse-, Vergasungs- und Verbrennungsprozesse, die in Biomassehochtemperaturverfahren auch in Kombination angewendet werden können.

2 Biomasse: der stark nachwachsende erneuerbare Energieträger in Deutschland

Nach aktuellen Daten der BMU-Arbeitsgruppe „Erneuerbare Energien-Statistik" (AGEE-Stat.) [2] hat sich auch im Jahr 2006 die Nutzung der erneuerbaren Energien in Deutschland mit einer Steigerung des Anteils am Primärenergieverbrauch von 4,7 % in 2005 auf 5,3 % in 2006 sehr positiv entwickelt. Bezieht man den Anteil auf die gesamte Endenergiebereitstellung steigt der Wert von 6,6 % sogar auf 7,4 %, was einen überdurchschnittlichen Wirkungsgrad der Energieumwandlungsverfahren bei regenerativen Energien belegt. Im Einzelnen erreicht der Anteil erneuerbarer Energie in 2006 beim Strom 11,8 %, bei der Wärme 5,9 % und beim Kraftstoff 4,7 % als biogener Kraftstoff. Biokraftstoffe werden zurzeit noch zu 75 % als Biodiesel mit physikalisch-chemischen Verfahren erzeugt (Biokraftstoff der 1. Generation). Bei der Wärmebereitstellung aus erneuerbaren Energien macht der Biomasseanteil 94 % aus (Bild 2), wobei allerdings über 2/3 den Haushaltskleinfeuerungen zuzuordnen ist.

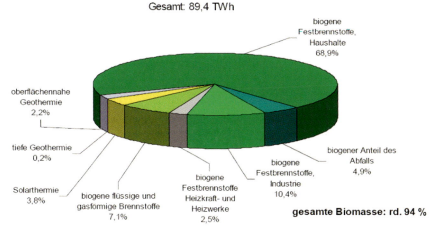

Bild 2: Struktur der Wärmebereitstellung aus erneuerbaren Energien in Deutschland 2006

Bei der Stromerzeugung hat die Biomasse nach der Windenergie in der letzten Dekade die stärkste Wachstumsrate aufzuweisen (Bild 3) und erreicht inzwischen einen Anteil von ca. 23 % (Bild 4).

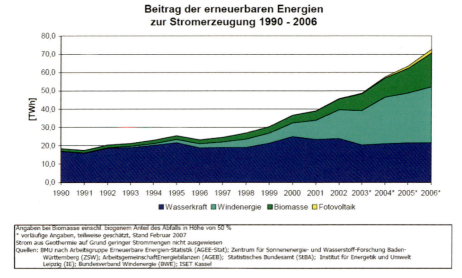

Bild 3: Beitrag der erneuerbaren Energien zur Stromerzeugung 1990 - 2006

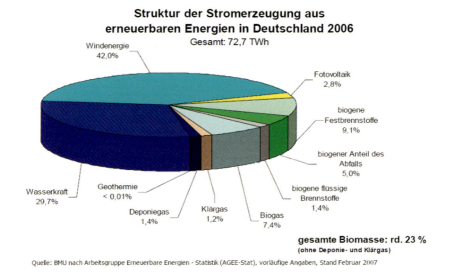

Bild 4: Struktur der Stromzeugung aus erneuerbaren Energien in Deutschland 2006

Von diesem Biomasseanteil bei der Stromerzeugung stammen über 60 % aus der Verbrennung biogener Festbrennstoffe und Abfälle, ein Drittel steuert die Verstromung von Biogas bei.

3 Biomassenutzungsfelder mit Hochtemperaturprozessen

Im Forschungszentrum Karlsruhe werden sowohl die stoffliche Nutzung der Biomasse zur Erzeugung von Kraftstoff nach dem im FZK eigenentwickelten mehrstufigen Bioliq®-Verfahren als auch die direkte energetische Nutzung zur Strom- und Wärmeerzeugung verfolgt (Bild 5).

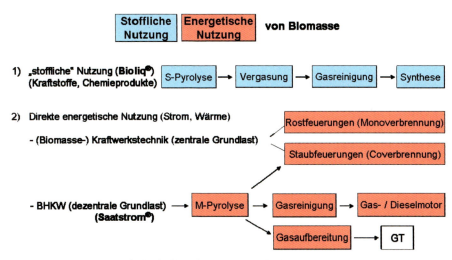

Bild 5: Biomasse Nutzungsfelder im Forschungszentrum Karlsruhe

Bei der direkten energetischen Nutzung wird zum einen der Einsatz von Biomasse in Kraftwerksfeuerungen untersucht, die sowohl als Biomasse-Monofeuerungen mit Rosttechnologie als auch als Kraftwerks-Coverbrennung mit Staubfeuerungen ausgeführt sind.

Zum zweiten wurde zur dezentralen Verstromung von Biomasse in BHKW's kleinerer Kapazität (< 5 MW) ein mehrstufiges Verfahren (Saatstrom®) entwickelt, bei dem die gereinigten Gas- und Flüssigprodukte aus einer mittelschnellen Pyrolyse in einem speziellen stationären Dieselmotor mit anschließender Stromerzeugung eingesetzt werden.

3.1 Kraftstofferzeugung nach dem Bioliq®-Verfahren

Minderwertige, aschereiche Biomasse soll zu Kraftstoffen und organischen Chemieprodukten veredelt werden. Um den sehr unterschiedlichen Eigenschaften der potenziellen Einsatzstoffe besser Rechnung zu tragen, wurde das mehrstufige Bioliq®-Verfahren entwickelt, bei dem der Biokraftstoff aus einem als Zwischenprodukt erzeugten Synthesegas hergestellt wird (Biokraftstoffverfahren der 2. Generation) [3].

Biomasse ist in vielen Arten über große Acker-, Wiesen- oder Waldflächen verteilt. Als grober Ernte-Richtwert für Kulturland in der EU kann man mit ca. 1 kg Trockenbiomasse pro m² und Jahr und einem Heizwert um 18 MJ / kg = 5 kWh / kg rechnen. Zuerst wird Biomasse in lokalen Anlagen zu einem pumpfähigen Brei (Slurry) verflüssigt, der in Tanks stabil gelagert und sicher transportiert werden kann. Aus mehreren Dutzend solcher lokalen oder regionalen Verflüssigungsanlagen wird dann zum Beispiel per Bahnkesselwagen eine zentrale Großanlage mit diesen Slurries beliefert. Die Slurryvergasung und die technisch anspruchsvolle Aufbereitung und Verwertung des Synthesegases erfolgt in Großanlagen effizienter, flexibler, umweltverträglicher und vor allem wirtschaftlicher als in vielen Kleinanlagen (Bild 6). Für diesen Chemieanlagentyp liegt der Kostendegressionsexponent im Bereich um 0,7, das heißt eine Durchsatzsteigerung um rund eine Größenordnung halbiert die spezifischen Anlageninvestitionen.

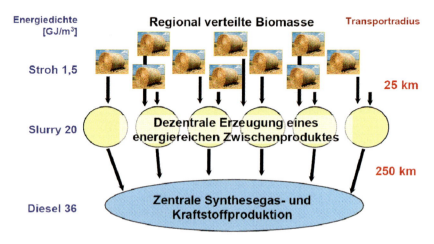

Bild 6: Das Bioliq®-Slurry-Vergasungskonzept

Bei diesem zweistufigen Verfahren, das unter dem Namen Bioliq® patentrechtlich geschützt ist, wird die geringe Energiedichte des Strohs (1,5 GJ / m³) in dem dezentral aus Biomasse erzeugten Slurry als Zwischenprodukt um über eine Grössenordnung erhöht. Eine weitere nahezu Verdoppelung der Energiedichte wird in der zentralen Stufe der Synthesegas- und Kraftstofferzeugung erreicht.

Für die dezentrale Verflüssigung von trockener Lignozellulose wie Holz, Stroh, etc. wird die so genannte Schnellpyrolyse, die eine hohe Flüssigausbeute auf Grund kurzer Reaktionszeiten erreicht, eingesetzt (Bild 7).

Wie sieht die Biomassenutzung in Hochtemperaturprozessen aus?

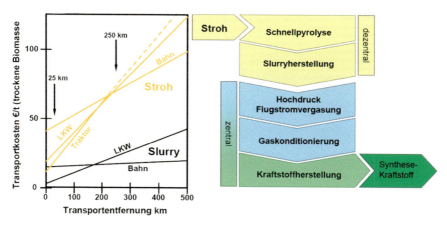

Bild 7:   Biomasse Transportkosten im zweistufigen Bioliq®-Verfahren

Für die zentrale Synthesegaserzeugung aus dem Slurry bietet die Hochdruckflugstromvergasung die meisten Vorteile [4]. Die anschließende Kraftstofferzeugung aus dem Synthesegas kann nach dem Fischer-Tropsch-Verfahren realisiert werden.

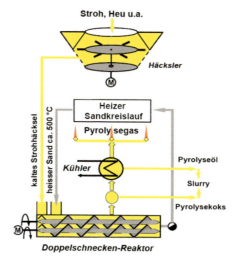

Bild 8:   Schnellpyrolyse mit Doppelschnecken-Mischreaktor (10 kg / h Versuchsanlage am FZK)

Bei der Schnellpyrolyse (Bild 8) werden die verkleinerten Lignozellulose vorgewärmt, unter Luftausschluss bei Normaldruck mit einem etwa 10- bis 20-fachen Überschuss an heißem Sand - oder einem anderen Wärmeträger – vermischt und so in etwa 1 s schnell auf ~ 500 °C aufgeheizt und thermisch zersetzt. Die gebildeten Pyrolysedämpfe werden durch Einspritzen von gekühltem Pyrolysekondensat ebenso schnell wieder kondensiert, so dass sie sich nicht mehr weiter zu Gas und Koks zersetzen können. Das Pyrolysekondensat wird dabei im Kreislauf über einen Kühler geführt.

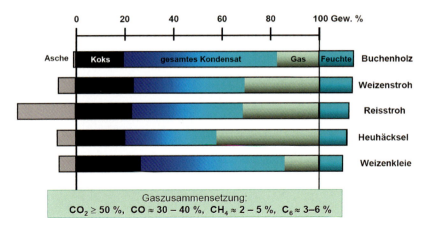

Bild 9: Ergebnisse der Schnellpyrolyse

Das optimale Temperaturfenster für die Schnellpyrolyse liegt bei 500 ± 50 °C; unter 400 °C wird die Pyrolyse zu langsam und über 600 °C zersetzen sich die Pyrolysedämpfe zu schnell. Bei optimalen Schnellpyrolysebedingungen können Kondensatausbeuten für Holz bis über 70 % und für aschereiche Biobrennstoffe wie Stroh oder Heu bis über 50 % erreicht werden. Auch bei vollkommen trockener Lignozellulose findet man etwa 15 Gew. % Reaktionswasser im Kondensat. Die Ausbeuten an Pyrolysegas (Hauptbestandteile CO_2 und CO) und Pyrolysekoks sind klein und liegen typischerweise unter 30 %, bei Holz häufig unter 15 % (Bild 9).

Aus den Pyrolyseprodukten Kondensat und Koks wird sodann der so genannte Slurry zusammengemischt. Dabei konnte das zuvor gemahlene feine Kokspulver bis zu einem Gewichtsanteil von 33 % im Pyrolyseöl zu einer noch bei Zimmertemperatur pumpbaren und lagerstabilen Suspension aufgeschlämmt werden [5]. Derart hochkonzentrierte Schlämme haben bei Raumtemperatur Viskositäten von mehreren Pas und hohe Dichten um 1.300 kg / m³. Der Heizwert solcher Slurries ist geringfügig größer als derjenige der Ausgangsbiomasse und die Energiedichte kann in günstigen Fällen 60 % bis 65 % derjenigen von Heizöl erreichen. Der Energiegehalt der Slurries kann bis zu 90 % der ursprünglichen Biomasseenergie ausmachen und ist insgesamt wegen des Koksanteils deutlich (bis zu 50 %) höher als für Pyrolyseöl allein.

Die dezentral in zahlreichen Anlagen erzeugten Slurries werden zu einer zentralen Anlage zur Synthesegaserzeugung transportiert, wobei bei Entfernungen > 200 km der Bahntransport deutliche Kostenvorteile aufweist (Bild 7).

Als zentraler Syngaserzeuger eignet sich für Biomasse basierte Slurries besonders die Hochdruck-Flugstromvergasung [4], bei der bei Vergasungstemperaturen > 1250 °C teerfreies Synthesegas mit minimalen Methangehalten erzeugt werden kann. Die Syngasausbeute, insbesondere der CO-Anteil, steigt mit sinkendem Wassergehalt der Slurries, wie dies aus Messergebnissen mehrerer Versuchskampagnen an dem Flugstromvergaser der Firma Future Energy (heute Siemens) ersehen werden kann. Kaltgaswirkungsgrade von 70 % konnten erreicht werden (Bild 10).

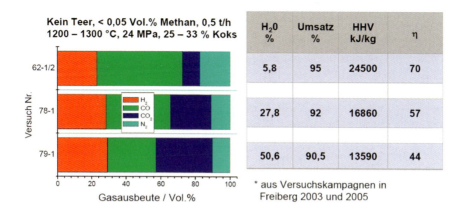

Bild 10:   Ergebnisse der Slurryvergasung

Aus diesem Syngas erzeugt man nach Reinigung und Konditionierung den Biokraftstoff nach dem Fischer-Tropsch-Verfahren. Grobe Kostenabschätzungen ergeben allerdings auch bei großen zentralen Vergaseranlagen immer noch um den Faktor 2 höhere Erzeugerkosten gegenüber Dieselkraftstoff auf Mineralölbasis.

3.2   Biomasseverbrennung zur Strom- und Wärmeerzeugung

Strom- und Wärmeerzeugung durch direkte Biomasseverbrennung findet je nach Abnehmer in unterschiedlichen Verfahren und Anlagen mit jeweils typischen Leistungsbandbreiten statt (Bild 11) [1]. Kleinfeuerungen kleiner 1 MW dienen im Wesentlichen zur Wärmeversorgung von Haushalten und sollen hier nicht weiter betrachtet werden.

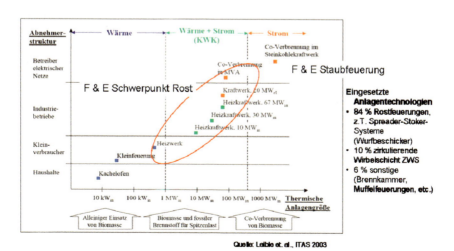

Bild 11:   Anlagenstruktur von Biomassefeuerungen

Die Coverbrennung von Biomasse im Kohlekraftwerk wird meist mit Staubfeuerungen in Anlagen > 200 MW ausschließlich zur Stromerzeugung praktiziert. Im mittleren Leistungssegment zwischen 1 MW und 100 MW befinden sich die Biomasse(heiz)kraftwerke, die meist als KWK-Anlagen sowohl Wärme als auch Strom liefern. Bei diesen Anlagen werden bevorzugt Rostfeuerungen zum Teil mit Spreader-Stoker-Systemen (Wurfbeschicker) eingesetzt, aber auch zirkulierende Wirbelschichtfeuerungen (ZWS) finden Anwendung. Nach [6] ist der Anlagenbestand der Biomasse(heiz)kraftwerke in den letzten 7 Jahren um etwa den Faktor 8 auf eine installierte elektrische Leistung von 1185 MW_{el} in 2006 angestiegen (Bild 12), wobei die größeren Anlagen (> 5 MW_{el}) den Anlagenzuwachs bedingen und ca. 80 % der installierten elektrischen Leistung mit ca. 50 % der Zahl der Anlagen (gesamt 132) ausmachen. Ursache für diesen rapiden Anstieg wird vor allem in der gesetzlichen Förderung durch das EEG [7] gesehen, welches eine Erhöhung des Beitrages erneuerbarer Energien an der Stromerzeugung verfolgt.

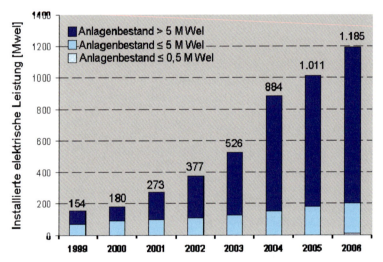

Bild 12: Installierte elektrische Leistung der Biomasse(heiz)kraftwerke [6]

Trotz der hohen Anlagenzahl und der damit verbundenen Erfahrung treten sowohl bei Biomasseheizkraftwerken als auch bei der Co-Verbrennung große technische Probleme auf, die neben dem Feststoff- und Gasausbrand vor allem Belagsbildung- und Korrosionsprobleme betreffen, die ihrerseits wieder mit Fragen der Partikelbildung gekoppelt sind.

Deshalb wurde am FZK intensiv an der Charakterisierung der verbrennungstechnischen Eigenschaften fester Brennstoffe gearbeitet [8, 9], da hier ein Schlüssel zur Lösung der genannten Probleme erwartet werden kann. Chemische und physikalische Brennstoffdaten, wie zum Beispiel Zusammensetzung und Heizwert haben sich allein als nicht ausreichend für eine sichere Anlagenauslegung und Betrieb erwiesen.

Die experimentellen Untersuchungen zur Charakterisierung der Abbrandeigenschaften fester Brennstoffe wurden an dem im FZK entwickelten batchbetriebenen Festbettreaktor KLEAA durchgeführt. Das Volumen der zu untersuchenden Brennstoffschüttung beträgt ca. 10 l. Am

Festbettreaktor KLEAA können somit im Vergleich zu thermogravimetrischen Verfahren, bei denen Probemengen im Grammbereich eingesetzt werden, technische Brennstoffe mit einer Stückigkeit bis 10 cm untersucht werden. Der Feuerraum sowie die Nachbrennkammer können elektrisch auf maximal 1100 °C aufgeheizt werden. Die Primärluft wird von unten durch eine Sintermetallplatte zugeführt und kann auf maximal 300 °C vorgewärmt werden. Die Hauptkomponenten der Anlage sind schematisch in Bild 13 dargestellt.

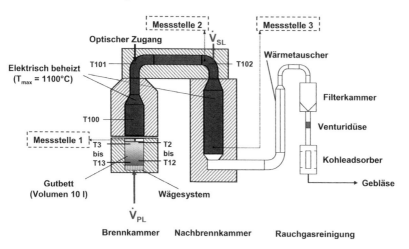

Bild 13: Schema des Festbettreaktors KLEAA (**K**arlsruher **L**aboranlage zur **E**rmittlung des **A**bbrandverhaltens von **A**bfällen)

In der Brennstoffschüttung (Gutbett) läuft die Verbrennung nach Zündung am oberen Ende entgegen dem aufsteigenden Primärluftstrom nach unten. Der Verbrennungsvorgang wird mittels 13 Thermoelementen gemessen und gliedert sich in drei typische zeitliche Abschnitte (Bild 14): die Zündphase, die stationäre Abbrandphase und der Koksausbrand am Ende des Prozesses.

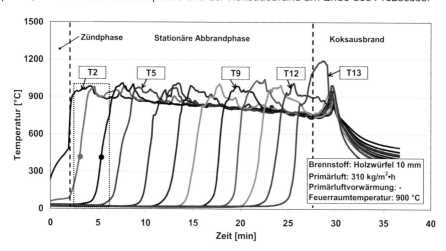

Bild 14: Temperaturverlauf im Gutbet

Anhand des Gutbetttemperaturverlaufs (Bild 14) wird im Folgenden die Reaktionsfrontgeschwindigkeit abgeleitet. Die Position der Reaktionsfront wird definiert als der Wendepunkt der über der Versuchszeit aufgetragenen Temperaturkurve, da in diesem Punkt der Anstieg der Gutbetttemperatur infolge der Zündung der flüchtigen Bestandteile maximal ist. Der Verlauf der von oben nach unten durch das Festbett fortschreitenden Reaktionsfront ist in Bild 15 für verschiedene Brennstoffe über der Versuchszeit aufgetragen.

Die Steigung dieser Geraden ist die Reaktionsfrontgeschwindigkeit (u_{RF}). Sie stellt eine Kennzahl zur quantitativen Beschreibung des Abbrandverhaltens fester Brennstoffe im Bereich der stationären Abbrandphase dar.

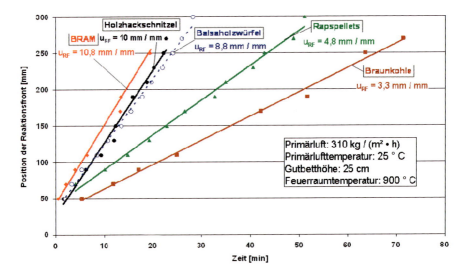

Bild 15. Abbrandexperimente am Festbettreaktor KLEAA, Reaktionsfrontgeschwindigkeiten unterschiedlicher Brennstoffe (Auszug aus dem Brennstoffkataster)

Der Feststoffabbrand wird im Wesentlichen durch Brennstoffeigenschaften wie Wasser-, Asche-, Flüchtigen- und C_{fix}-Gehalt, Partikelgröße und -form, Heizwert, Porosität und Schüttdichte sowie durch Betriebsparameter wie Feuerraum- und Primärlufttemperatur, Primärluftmenge und O_2-Gehalt der Primärluft beeinflusst.

Die unterschiedlichen Reaktionsfrontgeschwindigkeiten der Brennstoffe verdeutlichen das jeweils charakteristische Abbrandverhalten der Brennstoffe in Feuerungen. Es ist deshalb insbesondere im Hinblick auf abfallbasierte Brennstoffe oder Biomassen erforderlich, neben den „klassischen" Verfahren zur Charakterisierung von Brennstoffen durch zum Beispiel Immediat- und Elementaranalysen das Abbrandverhalten in Feuerungen zu untersuchen und durch Kennzahlen, die eine Übertragbarkeit auf technische Anlagen zulassen, zu beschreiben.

Wie sieht die Biomassenutzung in Hochtemperaturprozessen aus?

Das unterschiedliche Abbrandverhalten im Festbettreaktor zeigt sich auch bei der Verbrennung im Rostofen. Entsprechende Experimente an der Pilotanlage TAMARA des ITC-TAB wurden u.a. mit Holzhackschnitzeln durchgeführt. Anhand der Reaktionsfrontgeschwindigkeit kann die Feuerlage in technischen Rostverbrennungsanlagen beim Einsatz unterschiedlicher Brennstoffe in Abhängigkeit der Betriebsbedingungen beschrieben werden.

Die am Festbettreaktor KLEAA ermittelte Reaktionsfrontgeschwindigkeit kann somit zur vergleichenden Bewertung der Verbrennungseigenschaften unterschiedlicher Brennstoffe in technischen Rostsystemen genutzt werden. Sie wird weiterhin in Fortführung der bisherigen Arbeiten als Grundlage für eine modelltechnische Beschreibung des Abbrandverhaltens einer Feststoffschüttung genutzt.

Der Einsatz von Biomasse in großen Kraftwerksfeuerungen soll aus verfahrenstechnischen Gründen über die Staubbrenner, mit denen auch die Kohle eingedüst wird, praktiziert werden. Unterschiede in den Brennstoffeigenschaften der biogenen Brennstoffe, wie zum Beispiel beim Flüchtigungsgehalt oder der Reaktivität der Kokse erfordern Modifikationen der Brennergestaltung und des Brennerbetriebes, um eine gute Flammenstabilität und in Folge einen ausreichenden Ausbrand zu gewährleisten. Darüber hinaus müssen die Auswirkungen spezifischer Komponenten, die in Biomassen erhöht sein können, wie zum Beispiel Alkali- oder Erdalkaliverbindungen, auf die Qualität der Reststoffe und die Korrosion in den Dampfkesseln untersucht werden.

Hierzu wurde die 2 MW-Nachbrennkammer der FZK- Sonderabfallverbrennungsanlage THERESA mit speziellen Staubbrennern bestückt und als Kraftwerkspilotbrennkammer (KPB) umgerüstet (Bild 16).

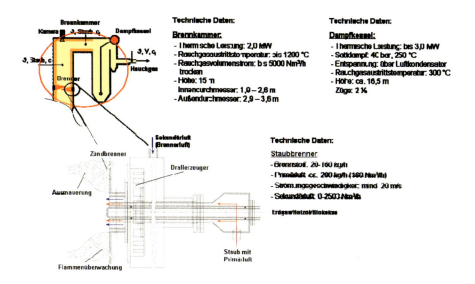

Bild 16: Kraftwerkspilotbrennkammer KPB im Energietechnikum des Forschungszentrums Karlsruhe

Der gemeinsam mit der TU Clausthal (Institut für Brennstofftechnologie und Energieverfahrenstechnik, Prof. Weber) entwickelte Drallbrenner ermöglicht die Biomasse, sowohl staubförmig mit der Primärluft als auch zentral über eine spezielle Lanze einzudüsen.

Erste Versuche mit biogenen Koksen, die partiell die Kohle ersetzen, erbrachten gute Ausbrandergebnisse. Ziel ist eine weitergehende Substitution, wobei der Aufwand der Brennstoffaufbereitung (zum Beispiel Mahlen) bei möglichst flexiblem Einsatzstoffspektrum reduziert werden sollte.

3.3 Dezentrale Biomasseverstromung aus Pyrolyseprodukten

Wie oben in Bild 5 erläutert, wurde im Forschungszentrum Karlsruhe zur direkten energetischen Nutzung von Biomasse alternativ zu den Verbrennungsverfahren in Kraftwerken ein dezentrales Verstromungsverfahren entwickelt (Saatstrom®), bei dem eine ursprünglich für die Verwertung von Elektronikabfällen im FZK entwickelte mittelschnelle Pyrolyse (M-Pyrolyse), die so genannte „Haloclean-Pyrolyse", das Herzstück des Verfahrens darstellt [10].

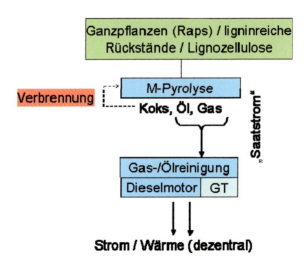

Bild 17:   Saatstrom – Pyrolyse - Verstromung ölhaltiger biogener Einsatzstoffe

Bei dieser Verfahrenslinie (Bild 17) wird die Biomasse, zum Beispiel Raps oder Rapspressrückstand aber auch andere, bevorzugt ligninreiche biogene Einsatzstoffe in der M-Pyrolyse zu Koks-, Öl- und Gas zersetzt. Während der Koks zur Deckung des Wärmebedarfs der „Haloclean-Pyrolyse" verbrannt wird, werden die Öl- und Gasanteile einer Reinigung insbesondere einer Hochtemperaturfiltration unterzogen, bevor sie in einem stationären Zündstrahl-Dieselmotor zur Stromerzeugung eingesetzt werden.

Die Anlagengröße bewegt sich bei diesem Verfahren < 5 MW$_{el}$ und eignet sich somit typischerweise für dezentrale Anwendungen [11].

Wie sieht die Biomassenutzung in Hochtemperaturprozessen aus?

Der Haloclean-Pyrolysereaktor besteht aus einem unter Inertgasatmosphäre betriebenen Drehrohrreaktor mit einer innenbeheizten Förderschnecke und kann zwischen 250 °C - 500 °C betrieben werden. (Bild 18).

Um die Temperaturführung des Reaktors sicherzustellen und den Wärmeübergang zu optimieren, kommen Stahlkugeln zum Einsatz. Die Metallkugeln sind vorgeheizt. Eine automatische Abtrennung der Kugeln am Reaktorausgang gefolgt von einem Rücktransportsystem mittels Schneckenförderer sorgt für einen geschlossenen Kugelkreislauf. Die Pyrolyseprodukte sind eine Gasfraktion, die die kondensierbaren Stoffe enthält, sowie ein fester Rest, der so genannte Pyrolysekoks, der nach Abkühlung in einer Kugelmühle verkleinert werden kann.

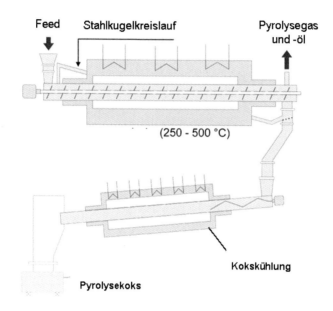

Bild 18: Das Haloclean® Reaktionssystem – Der Haloclean®-Reaktor ist mit einer innenbeheizten Förderschnecke bestückt und Stahlkugeln sorgen für einen effizienten Wärmeeintrag.

Versuche an einer Anlage bestehend aus einem Haloclean®-Reaktor, einer Heißgasfiltration, Doppelrohrwärmetauscherbatterie und einem Aerosol-Abscheider ergaben staub- und teerfreie Pyrolysedämpfe, trockene Kokse sowie staub- und aerosolfreie Pyrolysegase aus ölhaltigen Biomassen wie Rapsfrüchten, Rückstände von kaltgepresstem Raps sowie Olivenkernen (Bild 19).

Die Temperatur bei den Experimenten lag zwischen 450 °C und 550 °C, die Verweilzeit zwischen 5 und 15 Minuten. Die Bestimmung der Ausbeuten erfolgte gravimetrisch, die Ausbeute an Pyrolysegas wurde aus der Differenz berechnet. Der Energiegehalt der Flüssigkeiten und des Kokses wurde direkt kalorimetrisch bestimmt.

Bild 19: *Untersuchte Biomassen – Rapsfrucht, Raps-Pressrückstände, Oliven-Rückstände, Kokosnuss-Rückstände, Strohpellets, Reis-/Weizen-/Hafer-Spelzen*

Sowohl die Pyrolyseflüssigkeiten als auch die -gase können in Blockheizkraftwerken zur Stromerzeugung eingesetzt werden. Daher ist eine möglichst hohe Ausbeute an Flüssigkeiten und Gasen wünschenswert. Eine Erhöhung der Pyrolysetemperatur bewirkt ein deutliches Absinken der Koksausbeute und eine höhere Gasausbeute sowie eine leicht höhere Flüssigkeitsausbeute. Der Anteil an Pyrolysekoks erreicht Werte von minimal 15 %, das heißt bis zu 85 % der Pyrolyseprodukte lassen sich zur Stromerzeugung in einem Blockheizkraftwerk einsetzen, der Pyrolysekoks kann in Feststofffeuerungen zum Einsatz kommen und somit ebenso zur Stromerzeugung herangezogen werden. Die Verstromungsausbeute per ha angebautem Raps lässt sich somit im Vergleich zur üblichen Verstromung von Rapsöl im BHKW verdoppeln.

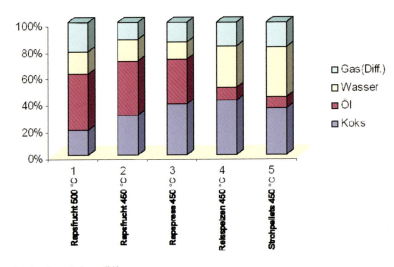

Bild 20: *Ausbeuteverteilung [%]*

Die Ausbeute (gewichtsbezogen) und der Energiegehalt der verschiednen Pyrolysefraktionen hängen stark vom eingesetzten Biomasse-Typ ab. Bild 20 zeigt deutlich geringere Koksausbeuten bei der Pyrolyse von ölhaltigen Biomassen (Kokosnussrückstand, Olivenrückstand, Raps, Rapsfrucht ...), Biomassen mit hohem Lignocellulose-Gehalt (Stroh, Spelzen) ergeben dagegen höhere Koksausbeuten und deutlich höhere Ausbeuten an Pyrolysewasser.

Zur energetischen Nutzung der Gas-/ Flüssigphasen aus der M-Pyrolyse in einem BHKW wurden am FZK die Saatstrom-Pilotanlage aufgebaut mit einem Durchsatz von max. 100 kg / h Biomasseeinsatzmaterial (Bild 21), ein scale-up auf 500 kg / h ist in Planung.

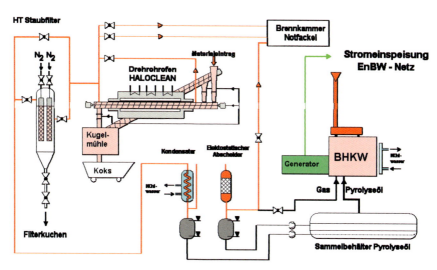

Bild 21: Saatstrom-Pilotanlage am FZK

Die dampfförmigen Komponenten werden in einem Hochtemperaturkerzenfilter entstaubt, danach wird der kondensierbare Ölanteil in einem Rohrwärmetauscher abgeschieden, während aus dem Permanentgas mittels des eigenentwickelten elektrostatischen Aerosol-Abscheiders „CAROLA" die restlichen Flüssigtröpfchen entfernt werden [12]. Anschließend werden Gas und Pyrolyseöl in einem BHKW der Firma Schnell (Scania 5 Zylinder Diesel, 250 KW_{el}) zur Strom- und Wärmeerzeugung eingesetzt.

4 Zusammenfassung: Welcher Forschungsbedarf ist noch zu leisten?

Drei unterschiedliche Hochtemperaturverfahren zur Biomassenutzung wurden detailliert vorgestellt. Sie unterscheiden sich nicht nur in den Anwendungsfeldern, sondern auch in der Entwicklungsreife. Beim Bioliq®-Verfahren zur Erzeugung von Synfuel der 2. Generation wurde die Schnellpyrolyse in verschiedenen Maßstäben untersucht und wird zurzeit im Pilotmaßstab am FZK errichtet (500 kg / h Stroheinsatz). Bei der Folgestufe der Vergasung der Slurries aus der Pyrolyse wurde in einem 3 MW-Flugstromvergaser die Machbarkeit grundsätzlich gesichert. Weiterentwicklungen und Optimierungen sind hier noch bezüglich der Druckerhöhung auf 80 bar, insbesondere im Hinblick auf Zerstäubung und verbessertem Kaltgaswirkungsgrad zu leisten. Soll die Gasreinigung bei hohem Druck und hoher Temperatur, das heißt bei FT-Synthesebedingungen, durchgeführt werden, sind auch hier noch weitergehende Entwicklungsarbeiten erforderlich.

Bei den bereits zahlreich praktizierten Verbrennungsverfahren von Biomassen sollte auf Grund der beschriebenen Probleme, insbesondere das Abbrandverhalten fester, stückiger, aber auch feinkörniger und staubförmiger Biomassen untersucht werden. Hier könnte ein Kennwert basierter Brennstoffkataster die Austauschbarkeit fossiler und biogener Brennstoffe verbessern.

Bei der zuletzt betrachteten Linie, der dezentralen Verstromung im BHKW unter Vorschaltung einer M-Pyrolyse zielen die Umsetzungsarbeiten vor allem auf Scale-up Fragen der Pyrolyse, Standfestigkeit der Heißgasfiltration für klebrige Stäube und auf das Dauerbetriebsverhalten des BHKW-Diesels beim Einsatz von Pyrolyseölen aus der M-Pyrolyse. Mittelfristig sollte die Einsatzfähigkeit des Pyrolysegases ebenfalls in einer Gasturbine geprüft werden.

Alle drei Verfahren haben jedoch bereits heute ihre hohe Anwendungsrelevanz bewiesen.

5   Quellen

[1]   Leible, L., Kälber, S.: „Potential der Energiebereitstellung aus biogenen Reststoffen und Abfällen für Deutschland – ein Überblick", Narossa, 10. Int. Kongress für nachwachsende Rohstoffe und Pflanzenbiotechnologie (2004), Magdeburg, Germany

[2]   „Entwicklung der erneuerbaren Energien im Jahr 2006 in Deutschland", Stand: 21. Februar 2007, Arbeitsgruppe Erneuerbare Energien – Statistik (AGEE Stat), Bundesministerium für Umwelt, Naturschutz und Reaktorsicherheit

[3]   Henrich, E., Dinjus, E.; „Das FZK-Konzept zur Kraftstoffherstellung aus Biomasse, Biomasse Vergasung", Int. Tagung, Leipzig, 01. – 02. Oktober 2003

[4]   Seifert, H.; "Thermal Conversion of Biogenic Waste to Liquid Fuels", CIWM 2006 Conference, June 12 – 16, 2006, Paignton, UK

[5]   Macosko, C. W., „Rheology", VCH Weinheim, 1994

[6]   Institut für Energetik und Umwelt GmbH, Leipzig, „Monitoring zur Wirkung der Biomasseverordnung", 2. Zwischenbericht (2006), FKZ 204 41 133

[7]   EEG (Erneuerbare Energie-Einspeise-Gesetz), November 2006

[8]   Gehrmann, H.-J., Kolb, T., Seifert, H.; „Charakterisierung des Verbrennungsverhaltens von Ersatzbrennstoffen", Abfalltage Baden-Württemberg 2006, 26. – 27. September 2006

[9]   Bleckwehl, S., Seifert, H., Kolb, T.: „Charakterisierung der verbrennungstechnischen Eigenschaften von Ersatzbrennstoffen in einem Brennstoffkataster", VGB-Fachtagung „Thermische Abfallverwertung 2006", Hamburg 2006

[10] Hornung, A.; Seifert, H.: Rotary kiln Pyrolyse of polymers containing heteroatoms. Scheirs, J. [Hrsg.] Feedstock Recycling and Pyrolyse of Waste Plastics, Converting Waste Plastics into Diesand Other Fuels Chichester, Wiley & Sons Ltd., 2006 S.549-67 (Wiley Series in Polymer Science) ISBN 0-470-02152-7.

[11] Seifert, H., Hornung, A., Richter, F., Schöner, J., Apfelbacher, A., Tumiatti, V.; „Pyrolysis of wastes and biomass", 19. Kasseler Abfall- und Bioenergieforum 2007, 24. – 26.04.07

[12] Bologa, A. M., Paur, H.-R., Seifert, H., Wäscher, T.; Pilot-Plant Testing of a Noval Electrostatic Collector for Submicrometer Particles, IEEE Transactions on Industry Applications, 2005, Vol. 41, No. 4, pp. 882 - 890

Martin Faulstich, Stephan Prechtl [Hrsg.]

Verfahren & Werkstoffe für die Energietechnik: Band 3

Biomasse, Biogas, Biotreibstoffe... Fragen & Antworten

Wie lässt sich Biomasse am besten klein kriegen?

Dr.-Ing. Udo Dinglreiter

R. Scheuchl GmbH

Ortenburg

ATZ Entwicklungszentrum, Sulzbach-Rosenberg

Verlag Förster Druck und Service, Sulzbach-Rosenberg

1 Einleitung

Die Verwertung von Biomasse durch anaerobe Vergärung ist ein mehrstufiger Prozess, der in der Regel mit einer Zerkleinerung der Inputstoffe und einem anschließenden Anmaischen bis zur Förder- oder Pumpfähigkeit beginnt.

Danach folgt eine Verflüssigung der Organik durch einen Hydrolyseschritt, der im natürlichen Ablauf zum Teil erhebliche Zeit in Anspruch nimmt. Vorhandene Cellulosen, Proteine und Fette oder Öle werden durch den Hydrolyseschritt in Glucose, Cellobiose, Pentose, Aminosäuren, Glycerin oder Fettsäuren gespalten. Schließlich erfolgt der weitere anaerobe Abbau mit der Bildung von Biogas, das als Produkt für die weitere Verwertung gewonnen wird.

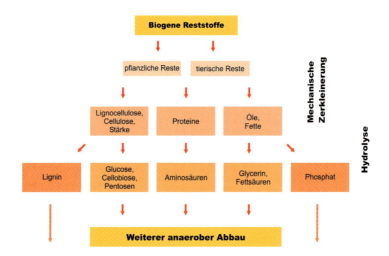

Bild 1: Anaerober Abbau biogener Reststoffe mit den Vorstufen Zerkleinerung und Hydrolyse

Die Art der Vorbehandlung hat häufig entscheidenden Einfluss auf die Prozessstabilität, auf die Beschaffenheit und weitere Verarbeitbarkeit der Vergärungsprodukte sowie auf die Ausbeute an Biogas.

Wesentliche Funktionen der Vorbehandlung sind:

- Die Zerkleinerung der Biomasse und damit die Vergrößerung der Oberfläche. Dadurch wird die Angriffsfläche für die mikrobiologische Verwertung erheblich größer wodurch die Verwertungszeit herabgesetzt werden kann
- Überführung der Biomasse in eine pump- oder förderbare Form zum Beispiel durch Zerkleinerung und anschließende Anmaischung
- Abtrennung von Störstoffen oder von Inertstoffen, die den nachfolgenden Prozess behindern

Im Rahmen der Vorbehandlung vor dem eigentlichen Vergärungsschritt kann ein weiterer technischer Prozessschritt der Desintegration eingeführt werden, bei dem durch Zellaufschluss eine Ertragssteigerung oder eine Prozessbeschleunigung erzielt werden kann.

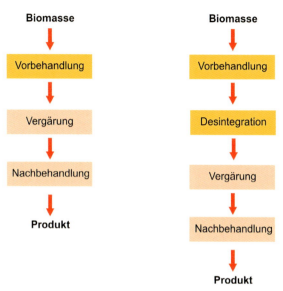

Bild 2: Links: Konventionelle Aufbereitung mit nachfolgender Vergärung
Rechts: Vorbehandlung mit anschließender Desintegration und nachfolgender Vergärung

Für eine Reihe von Bioabfällen bestehen über die prozesstechnische Notwendigkeit hinaus auch gesetzliche Vorgaben zur Vorbehandlung.

Nicht für den Verzehr geeignete, tierische Nebenprodukte werden nach der Verordnung (EG) Nr. 1774/2002 des Europäischen Parlamentes vom 3. Oktober 2002 in die Kategorien I (zum Beispiel SRM-Material), Kategorie II (zum Beispiel Schlachtabfälle, sofern nicht Kategorie I) und Kategorie III (zum Beispiel Speisen- und Kantinenabfälle) eingeordnet [1].

Gemäß der EU-Vorschrift und nach deutscher Ausführungsbestimmung (Verordnung zur Durchführung des Tierische-Nebenprodukte-Beseitigungsgesetztes) sind für tierische Nebenprodukte der Kategorie I und II (mit Ausnahme von Milch, Kolostrum, Gülle oder Magen-Darminhalte) folgende Vorbehandlungsschritte vorgeschrieben:

- Zerkleinerung des Inputs auf eine maximale Kantenlänge von 50 mm
- Sterilisation / Desintegration durch Alkalische Hydrolyse oder gemäß dem TDH®-Verfahren (Thermo-Druck-Hydrolyse mit anschließender Vergärung)

Bei Material der Kategorie III umfasst die notwendige Vorbehandlung eine Pasteurisierung, bei dem das Material auf eine maximale Kantenlänge von 12 mm zerkleinert und anschließend bei 70 °C für eine Stunde erhitzt werden muss.

Im Folgenden werden zunächst gängige Verfahren zur konventionellen Vorbehandlung von Biomasse zum Zwecke der nachfolgenden anaeroben Nass-Vergärung vorgestellt. Im Weiteren werden dann Methoden zur Desintegration behandelt. Besonders beleuchtet wird dabei das TDH®-Verfahren.

2 Mechanische Verfahren zur Aufbereitung von Biomasse

Durch die mechanische Vorbehandlung erfolgt zunächst eine Zerkleinerung der Inputstoffe auf die geforderte Partikelgröße. Häufig schließt sich ein Anmaischschritt an, bei dem der zerkleinerte Input in eine pump- oder rührfähige Suspension umgewandelt wird.

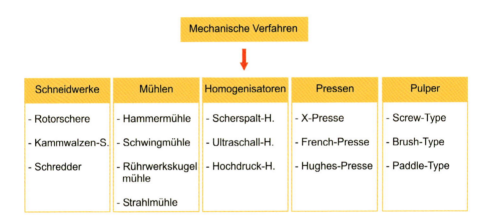

Bild 3: Beispielhafte Auflistung verschiedener mechanischer Verfahren

2.1 Mühlen

Hammermühlen werden zur schnellen und effektiven Zerkleinerung verschiedenster Materialien eingesetzt. Insbesondere für faserhaltige Biomasse ist diese Art der Zerkleinerung sehr geeignet. Der Zerkleinerungseffekt beruht auf einem Schlageffekt. In einem Metallgehäuse dreht sich ein Rotor an dessen Umfang je nach Einsatzzweck eine spezifische Anzahl von Schlaghämmern angebracht ist. Das Inputgut trifft auf die Schlaghämmer und wird dabei solange zerkleinert, bis es durch ein Loch-Sieb im äußeren Umfang der Maschine fällt. Der Zerkleinerungsprozess mit Hammermühlen ist wenig störanfällig und daher auch für problematische Inputstoffe gut geeignet.

2.2 Schneidwerke

Schneidwerke zerkleinern die Inputstoffe durch Scherwirkung mit Hilfe von Schneidwerkzeugen und Schneidplatten. Das Material wird in der Regel über Trichter dem Schneidraum zugeführt, wo es vom Schneidwerkzeug erfasst und an den Kanten der Schneidplatten zerkleinert wird. Häufig befindet sich im unteren Teil ein Sieb, durch den nur Material mit der gewünschten Feinheit fallen kann. Schneidwerke werden in der Regel bei kurzfasrigen Inputstoffen eingesetzt. Bei langfasrigen Inputstoffen besteht die Gefahr der Umwicklung um den Schneidrotor.

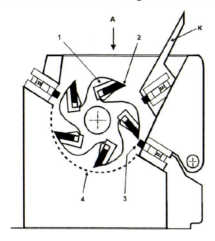

1   Rotor
2   Messer
3   Gegenmesser
4   Austragssieb

Bild 4:   Schematische Darstellung eines Schneidwerkes

Bild 5:   Schneidwerkzeuge geeignet für kurzfasrige Inputstoffe

2.3   Pulper

Pulper bestehen aus einem Rührbehälter und einem im Rührbehälter angeordneten Schneidrotor. Mit dem Schneidrotor werden die Inputstoffe zerkleinert und gleichzeitig mit dem zugeführten Anmaischwasser in eine stabile Suspension übergeführt. Der Pulper vereinbart die Funktionen Zerkleinerung und Abtrennung aufschwimmender Störstoffe in einem Gerät. Aufschwimmende Störstoffe werden regelmäßig von oben abgezogen und aus dem Prozess entfernt. Sand und ähnliche, nicht aufschwimmende Störstoffe werden mit der Suspension abgepumpt und müssen durch andere Reinigungsverfahren abgetrennt werden. Dieses Verfahren wird sehr häufig bei der

Verarbeitung von Speise- und Kantinenabfällen oder Lebensmittelabfällen (abgelaufene Güter) eingesetzt. Dabei werden Lebensmittelverpackungen vom Pulper geöffnet, die Inputstoffe werden dem nachfolgenden Prozess zugeführt, während die aufschwimmende Verpackung abgetrennt wird.

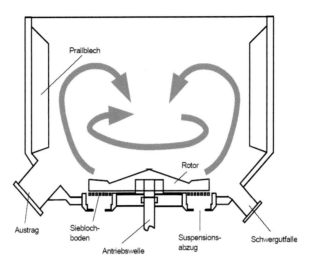

Bild 6:   Schematische Darstellung eines Pulpers

3   Desintegrations- Verfahren

Unter Hydrolyse versteht man die Spaltung langkettiger, organischer Moleküle in monomere Bausteine durch Anlagerung von Wasser [2]. Die Hydrolyse erfolgt

- chemisch durch den Einfluss von Säuren oder Laugen,
- biochemisch katalysiert durch Enzyme,
- physikalisch durch Druck- und Temperaturerhöhung oder
- durch Kombination dieser verschiedenen Mechanismen.

Im natürlichen Ablauf erfolgt der Hydrolyseschritt durch enzymatische, biologische Hydrolyse vor der nachfolgenden anaeroben Vergärung. Dieser Prozessschritt nimmt im gesamten Prozessablauf in der Regel die längste Zeit in Anspruch. Aus diesem Grund wird sehr häufig ein technischer Hydrolyseschritt in den Prozess integriert, der die Verweilzeiten deutlich absenkt. Insbesondere bezüglich der Klärschlammverwertung existieren umfangreiche Untersuchungen und eine Vielzahl von Verfahren, die jedoch nicht immer auch das Kriterium der Wirtschaftlichkeit erfüllen.

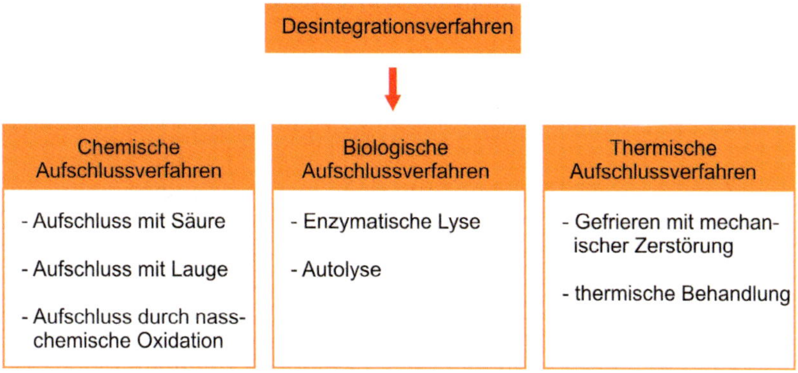

Wie lässt sich Biomasse am besten klein kriegen?

Desintegrationsverfahren

Chemische Aufschlussverfahren
- Aufschluss mit Säure
- Aufschluss mit Lauge
- Aufschluss durch nass-chemische Oxidation

Biologische Aufschlussverfahren
- Enzymatische Lyse
- Autolyse

Thermische Aufschlussverfahren
- Gefrieren mit mechanischer Zerstörung
- thermische Behandlung

Bild 7:   Einteilung der Desintegrationsverfahren

Vereinfacht dargestellt verlaufen für verschiedene Ausgangsstoffe die Hydrolysereaktionen wie folgt:

Hydrolyse von Eiweiß:

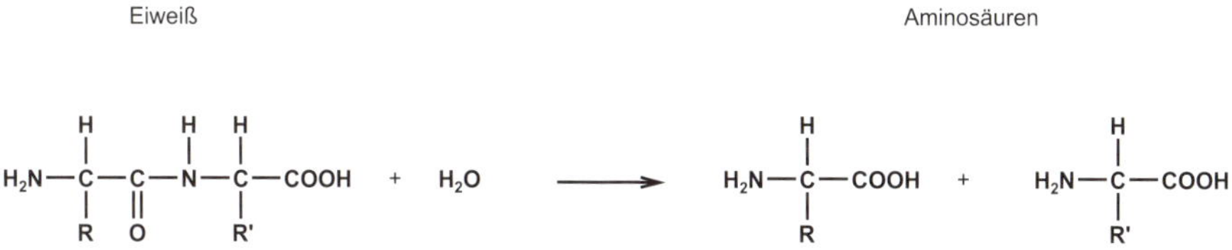

Eiweiß → Aminosäuren

Hydrolyse von Kohlenhydraten:

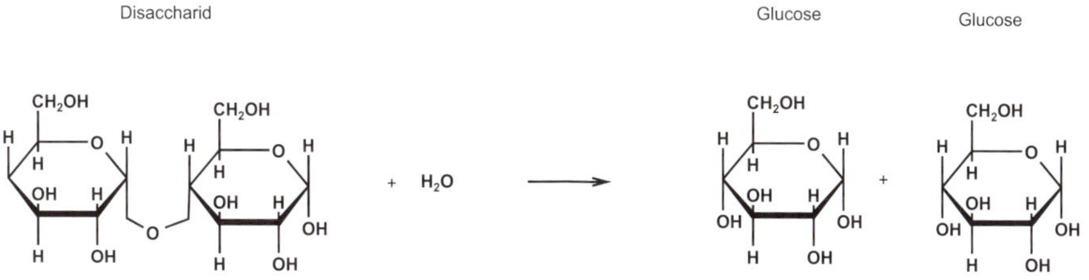

Disaccharid → Glucose + Glucose

Hydrolyse von Fett:

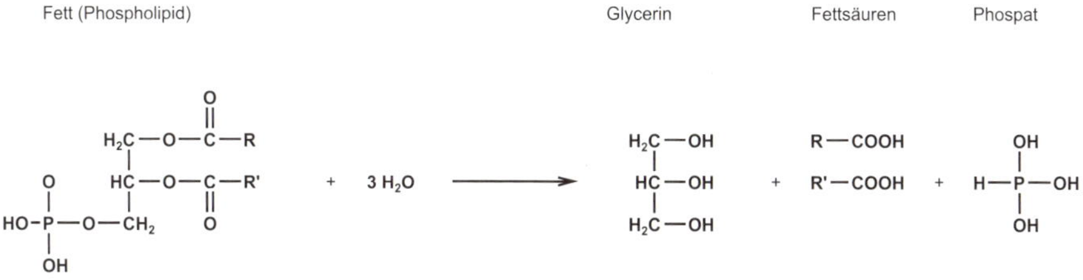

Fett (Phospholipid) → Glycerin + Fettsäuren + Phosphat

145

3.1 Chemische Desintegration

Durch Zugabe von starken Säuren oder Laugen (zum Beispiel HCl, H_2SO_4, NaOH) beschleunigt sich die Hydrolysegeschwindigkeit proportional zur H^+- oder OH^--Konzentration in der Lösung.

Komplexe Moleküle, wie Zucker, Stärke oder Proteine werden in Monomere gespalten. Die Zellwandstrukturen von Mikroorganismen werden aufgelöst, wodurch der Zellinhalt für den nachfolgenden, anaeroben Abbau verfügbar wird [3]. Um die Reaktionsgeschwindigkeit zu steigern, kann die chemische Hydrolyse auch bei erhöhter Temperatur durchgeführt werden. Nachteilig bei dem Verfahren ist der teilweise recht hohe Bedarf an Säuren oder Laugen.

3.2 Biologische Desintegration

Die biologische Hydrolyse erfolgt durch die Aktivität von Enzymen. Enzyme sind Proteine (Zellulasen, Proteasen, oder Carbohydrasen), die bereits in geringer Menge als Biokatalysatoren die Reaktionsgeschwindigkeiten bei normalen Umgebungsbedingungen beschleunigen [4]. Die Zugabe der Enzyme bewirkt häufig über die Hydrolyse hinaus ein verbessertes Entwässerungsverhalten der Gärreste. Im natürlichen Ablauf erfolgt die Hydrolyse immer durch biologische Desintegration.

3.3 Thermische Desintegration

Bei der thermischen Desintegration sind Verfahren bei Temperaturen unter 100 °C und bei Temperaturen über 100 °C zu unterscheiden.

Bei der niederthermischen Vorbehandlung von zum Beispiel kommunalen Klärschlämmen wurden ein gesteigerter oTR-Abbau sowie höhere Biogaserträge festgestellt. Bereits bei einer Behandlung mit einer Temperatur von ca. 80 °C konnte eine Erhöhung der Methanproduktion von ca. 15 % nachgewiesen werden [5]. Darüber hinaus ergeben sich bereits bei Beaufschlagung mit niedrigen Temperaturen ab 70 °C positive Effekte bezüglich der Schaumbildung im Faulbehälter.

Deutlich stärkere Effekte ergeben sich jedoch bei der Behandlung mit Desintegrationstemperaturen von über 100 °C.

4 TDH®-Verfahren

Die Thermo-Druck-Hydrolyse wurde bereits in den frühen 40-er-Jahren zur Konditionierung von Klärschlamm untersucht. Ziel der Untersuchungen war es, Zellstrukturen aufzubrechen und den Zellinhalt biologisch verfügbar zu machen. Neben der Erhöhung der Biogasausbeute ergab sich zusätzlich eine deutlich gesteigerte Entwässerbarkeit der Schlämme [6].

Von der Still Otto GmbH wurden die Untersuchungen zur Hydrolyse mikrobieller Biomassen in den späten 80er-Jahren fortgeführt. Das Verfahren wurde in einer Technikumsanlage erfolgreich bei Hydrolysetemperaturen von bis zu 300 °C eingesetzt. Aus firmeninternen Gründen wurden die Untersuchungen Mitte der 90-er Jahre eingestellt. Insbesondere bei höheren Hydrolysetemperaturen wurden jedoch auch nachteilige Reaktionen festgestellt.

Das ATZ Entwicklungszentrum hat schließlich die Untersuchungen aufgegriffen und eine weitreichende Erforschung des Verfahrens mit einer Vielzahl verschiedener biogener Reststoffe durchgeführt [7]. Im Ergebnis liegen heute Prozessparameter (Temperaturbereiche, Druckwerte und Verweilzeiten) für diese untersuchten Ausgangsstoffe vor, mit denen eine optimale Steigerung der Biogasproduktion beziehungsweise eine maximal mögliche Verkürzung der Faulzeiten erreicht werden können.

Zusammen mit der R. Scheuchl GmbH wurde das Verfahren zur Serienreife entwickelt und auch im großtechnischen Maßstab realisiert.

4.1 Verfahrensbeschreibung TDH®-Verfahren

Bei dem TDH®-Verfahren handelt es sich um einen kontinuierlichen Prozess zur beschleunigten Hydrolyse unter Anwendung hoher Temperaturen bei hohem Druck.

Die Inputstoffe werden zunächst in einer Vorbehandlungsstufe mechanisch auf eine Partikelgröße mit maximaler Kantenlänge von 10 mm bis 12 mm zerkleinert und anschließend so angemaischt, dass die entstehende Suspension gut pumpbar ist.

Nach dem Anmaischen gelangt der Inputstoff in die TDH®-Anlage. Dort wird mit einer Hochdruckpumpe je nach Inputstoff ein Druck zwischen 20 bar und 30 bar erzeugt. In einem ersten Wärmeaustauschersystem erhöht sich die Temperatur der Suspension unter Ausnutzung der im bereits behandelten Hydrolysat enthaltenen Wärmeenergie auf eine Temperatur von ca. 140 °C bis 180 °C. Anschließend erfolgt eine weitere Temperaturerhöhung auf die notwendige Hydrolysetemperatur, je nach Inputmaterial zwischen 170 °C und 220 °C, über einen thermalöl-gespeisten Wärmeaustauscher. Das Thermalöl wird unter Ausnutzung der im Rauchgas des BHKW vorhandenen Wärmemenge erhitzt. Mit der Hydrolysetemperatur bei einem Druck über dem Verdampfungsdruck gelangt die Suspension in flüssiger Form in den Hydrolysereaktor. Dort erfolgt bei einer Verweilzeit von etwa 20 Minuten die Hydrolyse der Suspension.

Das gut hydrolysierte Material wird dem oben beschriebenen Wärmeaustauschersystem zugeführt, ein Großteil der mitgeführten Wärmeenergie wird auf den Inputstoff übertragen und das Hydrolysat wird in einem speziell entwickelten Entspannungssystem auf Umgebungsdruck entspannt. Schließlich erfolgt je nach Temperaturanforderung im Faulbehälter eine weitere Abkühlung bevor das Hydrolysat dem Fermenter zugeführt wird. Das im Fermenter entstehende Biogas wird in einem BHKW verstromt, wobei die thermische Energie aus dem Rauchgas ausreicht, den Wärmebedarf für den TDH®-Prozess zu decken.

4.2 TDH®-Verfahren bei Klärschlamm

Anstelle der konventionell betriebenen Ausfaulung von Klärschlamm bietet das TDH®-Verfahren eine Reihe von Vorteilen. Konventionell findet die Hydrolyse parallel im Faulturm statt. Dadurch werden nachfolgende Schritte der Versäuerung und der Methanisierung begrenzt. Schwer abbaubare Substanzen werden nur langsam oder unvollständig abgebaut. Durch den nur teilweisen Zellaufschluss kann es zu unerwünschten Folgeerscheinungen, wie zum Beispiel zu schlechter Entwässerbarkeit kommen.

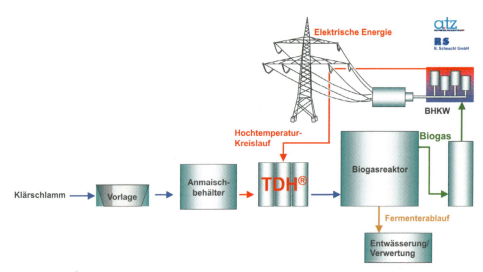

Bild 8: TDH®-Verfahren mit anschließender anaerober Vergärung am Beispiel von Klärschlamm

Für die Vorbehandlung der Klärschlämme mit dem TDH®-Verfahren werden die Inputstoffe ohne weitere Zerkleinerung direkt der Hochdruckpumpe zugeführt. Anschließend erfolgt über das Wärmeaustauschersystem eine Erhöhung der Temperatur auf ca. 170 °C. Im Reaktor erfolgt die Hydrolyse während eines Zeitraums von ca. 20 Minuten. Darüber hinaus werden die Zellwände vorhandener Bakterien aufgeschlossen und deren Zellinhalt wird für die Vergärung zusätzlich verfügbar.

Untersuchungen am ATZ Entwicklungszentrum ergaben neben einem deutlich erhöhten Gasertrag und der verkürzten Ausfaulzeit eine erheblich verbesserte Entwässerbarkeit des Schlamms.

Bei Anwendung des TDH®-Verfahrens lassen sich damit bezüglich der anaeroben Vergärung von Klärschlamm folgende Hauptvorteile erzielen:

- Erhebliche Steigerung des technischen Ausfaulgrades auf 60 % bis 70 % bei entsprechender Steigerung des Gasertrags
- Verringerung des Restschlamms durch den erhöhten Ausfaulgrad und durch die verbesserte Entwässerbarkeit
- Hygienisierung des Klärschlammes

4.3 TDH®-Verfahren bei nachwachsenden Rohstoffen

Durch die Anwendung des TDH®-Verfahrens wird neben dem Effekt der beschleunigten Hydrolyse auf Grund der hohen Temperaturen auch eine Hygienisierung der Inputstoffe gewährleistet. Aus diesem Grund ist das TDH®-Verfahren insbesondere in den Fällen interessant, in denen laut Gesetz oder Genehmigungsauflage eine Hygienisierung ohnehin erforderlich wäre.

Im Jahr 2005 wurden von der R. Scheuchl GmbH verschiedene kommerziell betriebene TDH®-Anlagen zur Verwertung biologischer Reststoffe realisiert. Die Anlagen werden jeweils mit

Inputstoffen wie zum Beispiel Maissilage, Getreideschlempe und Gülle mit einem Jahresdurchsatz von jeweils ca. 35.000 Mg/a betrieben.

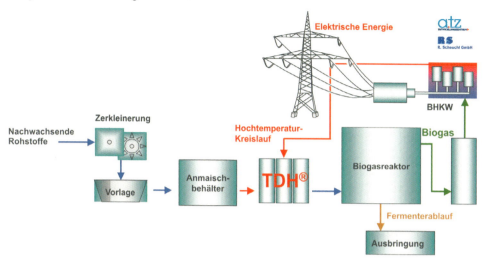

Bild 9: TDH® -Verfahren mit anschließender anaerober Vergärung am Beispiel von nachwachsenden Rohstoffen

In dieser Anwendung wird zunächst der Inputstoff zerkleinert und auf einen TS-Gehalt von ca. 10 % angemaischt. Die Suspension wird anschließend der TDH®-Anlage zugeführt. Mit der Hochdruckpumpe wird die Suspension auf einen Druck von ca. 25 bar komprimiert und auf eine Hydrolysetemperatur von ca. 190 °C erhitzt. Im Reaktor erfolgt die Hydrolyse bei einer Verweilzeit von ca. 20 Minuten. Anschließend wird das Hydrolysat der anaeroben Vergärung in einem volldurchmischten Fermenter zugeführt.

Durch den Einsatz der TDH®-Technologie konnte die Verweilzeit im Fermenter erheblich verkürzt und der Gasertrag um ca. 20 % bis 30 % gesteigert werden.

Bild 10: TDH®-Anlage zur Vorbehandlung biogener Reststoffe (Jahresdurchsatz ca. 35.000 Mg/a)

4.4 TDH®-Verfahren bei tierischen Nebenprodukten

Das TDH®-Verfahren mit nachfolgender anaerober Vergärung ist zugelassen für die Verarbeitung von tierischen Nebenprodukten der Kategorie I. Damit ist ein Verfahren vorhanden, bei dem die energetisch aufwändige Herstellung von Tiermehl, das nach der Trocknung vollständig verbrannt werden muss, entfallen kann.

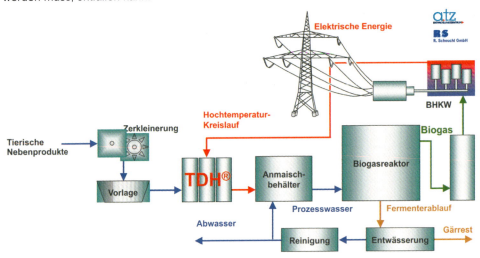

Bild 11: TDH®-Verfahren mit anschließender anaerober Vergärung am Beispiel tierischer Nebenprodukte

Zunächst wird die in der Tierkörperbeseitigungsanstalt (TBA) vorhandene Zerkleinerungs- und Aufbereitungstechnik genutzt, um die tierischen Abfälle auf die geforderte Partikelgröße zu zerkleinern. In einem Vorlagebehälter wird der Fleischbrei zunächst auf einen TS-Gehalt von ca. 20 % bis 30 % angemaischt und der Hochdruckpumpe der TDH®-Anlage zugeführt. Anschließend erfolgt die Erhitzung der Suspension auf die geeignete Hydrolysetemperatur und schließlich die Hydrolyse. Nach Absenkung der Temperatur und nach der Entspannung wird das nun aufgeschlossene Hydrolysat weiter angemaischt und dem Biogasreaktor zugeführt.

Durch das ATZ Entwicklungszentrum wurde eine TDH®-Anlage in einer konventionell betriebenen TBA installiert. Die Untersuchungen über einen längeren Zeitraum lassen sich wie folgt zusammenfassen [8]:

- Im Ergebnis lässt sich eine effektive Hydrolyse mit einer Umsetzung von ca. 80 % der Ausgangsstoffe nachweisen.
- Fette und Proteine werden in Fettsäuren und in Aminosäuren gespalten.
- Über den gesamten Untersuchungszeitraum wird nach erfolgter TDH®-Behandlung eine sehr stabile Monovergärung von tierischen Abfällen erreicht.

Wie lässt sich Biomasse am besten klein kriegen?

Darüber hinaus ergeben sich folgende Ergebnisse bezüglich der nachfolgenden anaeroben Vergärung:

- durch die Vorbehandlung mit dem TDH®-Verfahren wird eine deutliche Beschleunigung des anaeroben Abbaus erzielt
- der Abbau des CSB im Hydrolysat beträgt ca. 90 %
- der erreichter Biogasertrag beträgt 200 - 300 m³/Mg
- der Methangehalt im Biogas erreicht 70 % - 77 %

Aktuell befindet sich beim ATZ Entwicklungszentrum und bei der R. Scheuchl GmbH eine Anlage mit einem Durchsatz von 250.000 Jahrestonnen tierischer Abfälle in der Ausführungsplanung.

Bild 12: Geplante Anlage zur Verwertung von tierischen Abfällen mit TDH®-Verfahren und anschließender anaeroben Vergärung mit einem Jahresdurchsatz von ca. 250.000 Mg/a

5　Zusammenfassung

Zur Verwertung biologischer Reststoffe mit anschließender anaerober Vergärung ist in den meisten Fällen eine mechanische Vorbehandlung der Inputstoffe notwendig. Dazu wurden verschiedene Zerkleinerungs- und Aufbereitungsmethoden dargestellt.

Darüber hinaus ist es sinnvoll, den im natürlichen Verlauf sehr langsam stattfindenden Prozessschritt der Hydrolyse durch Einbau eines technischen Hydrolyseschrittes/Desintegrationsschrittes zu beschleunigen. Eine technische Hydrolyse kann durch chemische, biologische oder thermische Verfahren realisiert werden. Insbesondere mit dem TDH®-Verfahren ist es möglich, auch problematische Inputstoffe, wie zum Beispiel tierische Nebenprodukte effektiv aufzubereiten, zu hydrolysieren und gleichzeitig zu hygienisieren.

Bei allen betrachteten Inputstoffen (Klärschlämme, nachwachsende Rohstoffe, tierische Nebenprodukte) wird mit dem TDH®-Verfahren eine Steigerung des Biogasertrags bei gleichzeitig verkürzter Ausfaulzeit erreicht.

In der Zwischenzeit liegen fundierte Erfahrungen aus dem Versuchsbetrieb mit tierischen Nebenprodukten und aus dem mehrjährigen Produktionsbetrieb verschiedener Anlagen mit nachwachsenden Rohstoffen vor.

6　Quellen

[1]　Amtsblatt der Europäischen Union: Verordnung (EG) Nr. 92/2005 der Kommission vom 19. Januar 2005 zur Durchführung der Verordnung (EG) Nr. 1774/2002 des Europäischen Parlaments und des Rates hinsichtlich der Maßnahmen zur Beseitigung oder Verwendung tierischer Nebenprodukte und zur Änderung des Anhangs VI hinsichtlich der Biogas-Verarbeitung und der Verarbeitung von ausgelassenen Fetten, 2005

[2]　Böcker, K.: 3. Arbeitsbericht der ATV/DVWK Arbeitsgruppe AK-1.6 Klärschlammdesintegration, 24.3.2003

[3]　Chishti, S.S., Hasnain, S.N., Khan, M.A.: Studies on the recovery of sludge protein; Water research, Vol. 26, S. 241 – 248

[4]　Scheidet, B.: Bioverfahrenstechnische Aspekte zum Einsatz von technischen Enzymen am Beispiel der kommunalen Abwasserreinigung, Dissertation TU Hamburg-Harburg, Shaker Verlag, 2000

[5]　Li, Y-Y., Noike, T.: Upgrading of anaerobic digestion of waste activated sludge by thermal pre-treatment. Wat. Sci. Tech., Vol. 38, No. 8-9, S. 29-34

[6]　Brooks, R.B.: Heat Treatment of activated sludge. Wat.Pollut. Control (1968): S. 592 – 601

[7]　Prechtl, S.: Einfluss der Vorbehandlung auf die anaerobe Verwertung organischer Abfälle, Dissertation, VDI Verlag, Düsseldorf, 2001

[8]　Faulstich, M.: Nachhaltige Verwertung von tierkörperbeseitigungspflichtigem Material in einer Pilotanlage in der TVA St. Erasmus, Abschlußbericht, 2002

EuRec® Rotary Cutter

- speziell entwickelt für die Zerkleinerung von Biomasse zum Zweck der Biogasproduktion
- zerkleinert Halmfrüchte (z.B. Mais), Feldfrüchte (z.B. Kartoffeln, Rüben)
- Lieferbar mit 2, 4 oder 6 Wellen
- Durchsatzleistung: bis 50 t/h je Wellenpaar bei der Zerkleinerung von Maiskörnern

Technology & Know how

- ◆ Zerkleinern
- ◆ Sieben
- ◆ Sortieren
- ◆ Kompostierung
- ◆ Kunststofftrennung
- ◆ Abfallverpackung

EuRec Technology Sales & Distribution GmbH
Borntalstr. 9
36460 Merkers/Germany

Tel.: +49 (0) 36969 58-132
Fax: +49 (0) 36969 58-200
Sales@EuRec-Technology.com
www.EuRec.de

Martin Faulstich, Stephan Prechtl [Hrsg.]

Verfahren & Werkstoffe für die Energietechnik: Band 3

Biomasse, Biogas, Biotreibstoffe… Fragen & Antworten

Welche Chancen bieten Contracting Modelle im Biogassektor?

Dipl.-Phys. Wilhelm Hiller
Dipl.-Ing. Diana Baumgärtner

Bayerische Elektrizitätswerke GmbH
Augsburg

ATZ Entwicklungszentrum, Sulzbach-Rosenberg

Verlag Förster Druck und Service, Sulzbach-Rosenberg

1 Energie aus nachwachsenden Rohstoffen

1.1 Biogasanlagen und ihre Bedeutung im Kontext der erneuerbaren Energie

Klimawandel, Klimaschutz, Energie-Einsparung, Energie-Effizienz und Ressourcen-Schonung beherrschen die öffentliche Diskussion und Meinungsbildung. Insbesondere die Schonung der Ressourcen und der Aufbau einer nachhaltigen Energieerzeugung sind per se ein positiver Ansatz.

Unter den diversen Methoden alternativer Energie- und insbesondere Stromgewinnung erweist sich neben der Verbrennung von Holz in Kraftwerken, der Einsatz von Biogas als besonders sinnvoll. Diese Anlagen integrieren sich positiv in das elektrische Netz, da sie zum einen über ihren dezentralen Charakter die Leistung breit verteilt im Netzgebiet darbieten und zum anderen in der Lage sind im Jahr für mehr als 8.000 h Strom zu erzeugen. Von den zu schaffenden günstigen Voraussetzungen für diese hohe Benutzungsdauer wird unten zu sprechen sein.

1.2 Potenzial von Biogasanlagen

Biogasanlagen bieten nach neueren Untersuchungen [1] bei der Nutzung von Energiepflanzen ein Potenzial zwischen ca. 11.000 TJ/a und ca. 470.000 TJ/a.

Ohne die Spezifika dieser Szenarien an dieser Stelle zu diskutieren, zeigt ein Blick auf die Realität [2] die positive Entwicklung sehr deutlich:

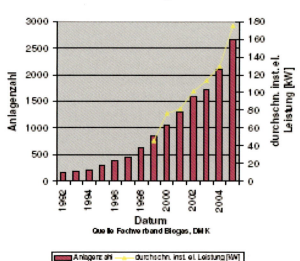

Bild 1: Potenzial für Biogas Contracting

Bild 1 zeigt, dass nach 2000 nicht nur die Zahl der Anlagen, sondern auch die Größe der einzelnen Anlagen deutlich zugenommen hat. Diesen Trend bestätigen auch stolze 57 MW$_{el}$, welche allein im Netzgebiet der Lechwerke AG installiert sind. Die Zahlen beziehen sich allgemein auf Biomasse-Anlagen; ca. 70 % davon entfallen auf Biogas-Anlagen [3].

Bild 2: Potenzial Biogas- und Biomasse Contracting im LEW/BEW Gebiet

2 Biogasanlagen als wirtschaftliche Unternehmung

Entscheidend für einen dauerhaften Betrieb ist der wirtschaftliche Erfolg der Biogasanlage. Trotz relativ hoher Vergütungen des Stromes durch die im EEG festgelegten Sätze muss ein komplexes Geflecht von Bedingungen erfüllt sein, um diesen wirtschaftlichen Erfolg zu sichern.

Ein wesentlicher Part des Anspruchs resultiert aus der Kombination von zwei wesensfremden Aufgabenbereichen.

Als Voraussetzung für den Betrieb der Anlage muss die Versorgung mit Substrat, geeignetem Input-Material sicher gestellt sein. Dieses muss permanent in ausreichender Menge und hinreichender Qualität und Konstanz der Stoffe zur Verfügung stehen. Grundsätzlich gibt es eine Vielzahl von Quellen, die als Substratlieferanten in Frage kommen wie die Übersicht in Bild 3 zeigt.

Bild 3: Material für Biogasanlagen

Die Vielfalt der Stoffe bedarf aber der sorgfältigen Auswahl und einer adäquaten Logistik. Die Komposition des dargebotenen Substrats muss hinreichend konstant im Nährstoffgehalt und der biologischen Aufschlussfähigkeit sein.

Außerdem müssen beim Betrieb der Anlage die biologischen und chemischen Zusammenhänge der Verfahrenstechnik beherrscht werden, genauso wie die technischen Anforderungen von Elektrik, Steuerungen und Motorentechnik, typische Fragestellungen bei der Realisierung von Biogasprojekten sind unter Anderem:

- Anlagensicherheit und Arbeitsschutz
- Einhaltung gesetzlicher Vorschriften beim Bau und im Betrieb
- Vertragsgestaltung und Versicherungsschutz
- Überwachung von Prüfzyklen und Wartungen
- Optimierung der Substratzusammenstellung
- Anlagendimensionierung und Optimierung technischer Komponenten

Bedingt durch die enorme Bandbreite der Anforderungen ist es offensichtlich, dass nicht in jedem Fall der Betreiber alle Anforderungen im eigenen Haus erfüllen kann. Es ist der häufigste Fall, dass entweder Material und dessen Logistik oder biologisch-chemisch-verfahrenstechnisches Know-how umfassend, aus dem originären Bereich der Geschäftstätigkeit zur Verfügung stehen.

Auch die Frage der Wirtschaftlichkeit und die Steuerung der Planung, des Baus, der Abrechnung der Baustelle, die Zahlungsflüsse mit der Bewirtschaftung der Darlehen ist eine anspruchsvolle kaufmännische Aufgabe. Die Wirtschaftlichkeitsbetrachtungen müssen auch ausreichend Reserven vorsehen, um unvorhergesehene Probleme finanziell bewältigen zu können. Generell sollten die Anforderungen an die sorgfältige Aufstellung und Berechnung der Wirtschaftlichkeit nicht unterschätzt werden. Keinesfalls genügen so genannte statische Berechnungen. Hinreichende Aussagekraft für eine Entscheidungsbasis bieten ausschließlich dynamische Barwert-Berechnungen über die gesamte Laufzeit der Anlage.

Es ist deshalb nahe liegend und sinnvoll nach Partnern für die gemeinsame Bewältigung der vielfältigen Aufgaben zu suchen.

3 Möglichkeiten der Kooperation

Eine im eigentlichen Sinn existentielle Frage für den Betrieb der Biogasanlage ist, wenn die Entscheidung dafür gefallen ist, die rechtliche Form der Kooperation.

Hier bietet sich eine gemeinsame GmbH an. Bei dieser Lösung halten zwei oder mehr Partner Anteile am Kapital der Gesellschaft.

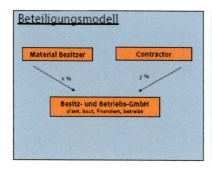 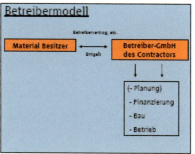

Bild 4:   Contracting-Modelle

Die Gesellschafter treffen die Beschlüsse über die Geschäfte in Form von Mehrheitsbeschlüssen. Außerdem bringen sie ihr Know-how in die Gesellschaft ein, um die Geschäfte zu fördern.

In der Praxis lernt man, dass dieses juristisch-wirtschaftlich einfache Modell mit großen Schwierigkeiten verbunden sein kann. Mit den Partnern treffen auch verschiedene Geschäftspraktiken und Unternehmenskulturen aufeinander. Im günstigsten Fall führt dies lediglich zu erhöhter Mühe und Zeitbedarf bei der Herbeiführung von Beschlüssen. In weniger günstigen Fällen kommt es zum Zerwürfnis der Gesellschafter. Werden dann notwendige Beschlüsse nicht gefasst, kann die Existenz der Firma bedroht sein. GmbH Lösungen sollten deswegen klare Mehrheiten definieren; das fördert zwar möglicherweise auch nicht immer das Einvernehmen, stellt aber die Handlungsfähigkeit sicher.

4 Contracting als sinnvolle Form der betrieblichen Kooperation

Contracting bietet sich als interessante Variante partnerschaftlicher Zusammenarbeit an. Unter diesem Begriff, der in der Übersetzung einfach nur bedeutet „einen Vertrag abschließen" (zur Erklärung siehe Bild 5) versteht man die Zusammenarbeit von zwei Partnern, wobei jeder, sehr eigenständig, in seinem Kernaufgabengebiet tätig ist. Die notwendige Kooperation ist in eben jenem „Contract" genauestens geregelt.

Unter Contracting (engl: Vertrag schließend) versteht man die vertraglich fixierte Übertragung von eigenen Aufgaben der Energiebereitstellung und der Bewirtschaftung auf ein externes Dienstleistungsunternehmen.

Contracting ist somit als umfassende Energiedienstleistung zu verstehen, die den Nutzer von allen Aufgaben entlastet, die mit der Bereitstellung der von ihm benötigten Energie zusammenhängen.

Bild 5: Definition des Begriffs „Contracting"

Bild 6: Formen des Contracting

Angewandt auf unser Thema der Biogasanlagen findet man, wenn man das Konstrukt aus Bild 5 mit den Aufgaben und Tätigkeitsbereichen aus Bild 3 und den typischen Fragestellungen verknüpft sofort eine klare Zuordnung, siehe Bild 7, der Aufgabenbereiche und des Know-how auf die beiden Partner.

Welche Chance bieten Contracting Modell im Biogassektor?

Bild 7: Verteilung von Fähigkeiten, Erfahrung und Know-How

Der Charme dieser Lösung ist sofort zu erkennen:

Jeder Partner agiert eigenverantwortlich in „seinem" Bereich. Ob Verfahrenstechnik oder Materialbewirtschaftung, jeder erfüllt die Aufgaben, welche seiner Kernkompetenz entsprechen. Das gemeinsame Ziel zu definieren und die notwendigerweise vorhandenen Schnittstellen genau zu beschreiben ist Aufgabe des Contracts, des „Contracting-Vertrages".

Die Genauigkeit und Vollständigkeit dieses Vertrages ist sehr wichtig. Im Idealfall sind die Schnittstellen so klar beschrieben und durch entsprechende Technik umgesetzt, dass der Betrieb reibungslos läuft.

Bei aller Eigenständigkeit sind doch beide Partner zum gemeinsamen Erfolg gezwungen, jeder sichert mit der Förderung des Partners den eigenen wirtschaftlichen Erfolg. Leistungen die notwendig zu erbringen sind, müssen sinnvoller weise auch pönalisiert werden, um ein Zwangsmittel zu deren Erbringung zu haben.

Nun kann der Betrieb der das Substrat erzeugt, als Begleit-, Rest- oder Abfallstoff so arbeiten, wie es seiner Aufgabe und Organisation entspricht. Der Contractor übernimmt die Stoffe an definierter Stelle in definierter Qualität und erzeugt aus ihnen Energie. Welche Techniken er dabei einsetzt und wie er den Betrieb führt, ist ebenfalls ihm überlassen. Wir haben also eine Lösung die sich wie folgt zusammenfassen lässt: maximale (relative) betriebliche Freiheit führt zu maximalem (gemeinsamen) Erfolg

Praxisbeispiele für die Vorteile des Contracting

Diese Ausführungen sollen nun mit praktischen und realen Vorteilen der Arbeitsteilung zwischen dem Contracting-Geber und Inhaber des Materials und dem Contractor, dem Errichter und Betreiber der verfahrenstechnischen Anlage.

Es beginnt mit der Auswahl der Verfahrenstechnik. Dies ist bereits Aufgabe des Contractors. Dieser ist erfahren in der Ausschreibung solcher Anlagen, sei es nun eine Funktionalausschreibung oder die Ausschreibung von Einzelleistungen: Annahme-Bereich, Fermentation, Gasreinigung und gegebenenfalls -speicherung, die BHKWs oder die Einspeise-Station zum öffentlichen Gasnetz.

Die zum Einsatz kommende Technik muss dann genehmigt werden. Es ist wichtig, dass bereits vor Einreichung des offiziellen Genehmigungsantrages mit qualifizierten Informationen die Beratung der Behörden eingeholt wird, um im Genehmigungsantrag die Genehmigungsvoraussetzungen bereits zu erfüllen und diese frühzeitig bei der Investitionsplanung berücksichtigen zu können.

Der Contractor hat in der Regel aus anderen Projekten bereits eine Basis vertrauensvoller Zusammenarbeit mit den Behörden erreicht.

Ein ganz wesentlicher Vorteil des Contractors liegt darin, dass er das für den Betrieb erforderliche Personal aus einem größeren Personalstamm ausgebildeter Mitarbeiterinnen und Mitarbeiter gewinnen kann. In diesem Pool bleibt das Personal auch eingebunden – ein unschätzbarer Vorteil für Krankheits- und Urlaubsersatz. Man vermeidet also eine Personal-Insel-Lösung.

Dieses Personal bringt Betriebserfahrung mit und ist für alle Betriebsaufgaben auch in der Zukunft vom Standard des Contractors unterstützt. Als Beispiele mag hier der Verweis auf IT-gestützte Systeme zur Verfolgung der Wartungen und Genehmigungsauflagen reichen.

Auch die unabdingbare Verpflichtung die Arbeitssicherheit zu gewährleisten wird durch die Einbindung in die Organisation des Contractors sichergestellt. Eine wesentliche Rolle spielen dabei die Dokumentation und personenscharfe Einhaltung aller Unterweisungen.

Einen wesentlichen Aufgabenbereich im Betrieb einer Biogas-Anlage stellt das Stoffstrom-Management sowohl auf der Input- als auch auf der Output-Seite dar. Fehler in diesem Bereich führen ganz schnell zu massiven Einbrüchen in der Gasproduktion, und die Annahme eines scheinbar vorteilhaften Gärsubstrats kann den Betrieb der Anlage unterbrechen. Nicht nur die Höhe der Zuzahlung darf über die Annahme entscheiden, sondern die Freigabe auf der Basis der biologisch-verfahrenstechnischer Kenntnis der Anlage.

Der Input ist wie der Output einer permanenten Qualitäts-Kontrolle zu unterziehen. Dies wird nur geleistet werden können, wenn ein qualifiziertes System der Qualitäts-Sicherung (QS) implementiert wird. Für QS-Systeme ist ein Basisaufwand erforderlich, welcher vernünftiger Weise in einer größeren Einheit geleistet wird. Die QS muss auch die gesamte Abwasser-Reinigung der Anlage einbeziehen. Die QS beginnt bei der Probennahme, bei großen Mengen und Behältern keine triviale Aufgabe.

5 Beispiel einer Contracting Lösung im Lebensmittelbereich

Eine solche Lösung haben wir zusammen mit einem unserer Kunden, einem Verarbeiter von Lebensmitteln, gewählt. Ende 1999 hatte der Kunde beschlossen, seinen Betrieb im Rahmen eines Neubaus deutlich zu vergrößern. Da die Energieversorgung nicht Kernkompetenz eines Lebensmittelverarbeiters ist, sollte dafür ein Partner gewonnen werden.

Die Anforderungen, die an einen Contractor gestellt werden können, zeigt schon der zeitliche Ablauf des Projektes.

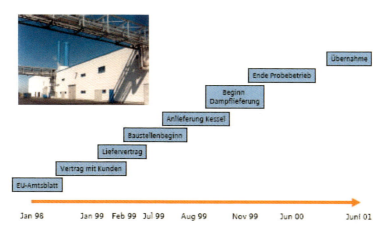

Bild 8: Beispiel Energiecontracting Projektablauf

Als der Contracting Vertrag im Januar unterzeichnet wurde, geschah dies unter der Zusage bereits am 2. November desselben Jahres mit der Dampflieferung zu beginnen. Ein solch komprimierter Ablauf von Planungs- und Bauphase reduziert die Phase der Vorfinanzierung und verbessert nachhaltig die Wirtschaftlichkeit der Anlage, stellt aber anderseits höchste Anforderungen an das Projekt-Team. Dies gilt für die technische wie die kaufmännische Abwicklung des Projektes gleichermaßen.

Unter Berücksichtigung aller technischen Herausforderungen, wie Redundanz in der Dampfversorgung, Abdeckung von Verbrauchsspitzen mit sehr großen Gradienten sowie die Ausbaufähigkeit bei der Vergrößerung der Kundenanlage, bei gleichzeitiger Anforderung an extreme Wirtschaftlichkeit.

Diese Randbedingungen haben zu folgendem Anlagendesign geführt, siehe Bild 9.

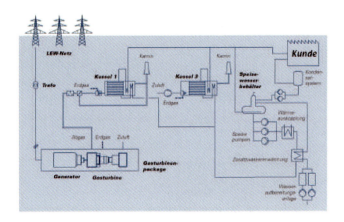

Bild 9:   Fließschema KWK-Anlage

Die realisierte KWK-Anlage arbeitet seit der Inbetriebnahme zu unserer und unseres Kunden Zufriedenheit.

Die Zufriedenheit des Kunden äußert sich für uns auch darin, dass wir die Kooperation vom Energieversorgungsbereich auf Teile der Abwasserreinigung und Biogasverstromung ausdehnen konnten.

Aus dem Betrieb zahlreicher kommunaler Kläranlagen haben wir auch Know-how in diesem Bereich.

6   Zusammenfassung

Jedes Unternehmen bleibe bei seinen Kernkompetenzen. Um neue Aufgabenstellungen zu meistern bieten sich Partnerschaften an. Sinnvoll sind solche, wie zum Beispiel Contracting. Hier sind die Partner jeweils in ihren originären Kompetenzbereichen tätig und beschränken sich nicht gegenseitig bei der Lösung von Problemen.

Entscheidend für die Partnerwahl im Biogasbereich ist ein Unternehmen zu wählen, das Kompetenz sowohl im Energie- als auch bio-verfahrenstechnischen Bereich aufweist.

7   Quellen

[1]   Biomassenutzung in Bayern, Forschungsstelle für Energiewirtschaft in Bayern e.V

[2]   Fachverband Biogas, DMK

[3]   Anschlusswerte von Biomasse-Anlagen, interne Mitteilung, April 2007

Martin Faulstich, Stephan Prechtl [Hrsg.]

Verfahren & Werkstoffe für die Energietechnik: Band 3
Biomasse, Biogas, Biotreibstoffe... Fragen & Antworten

Wie lässt sich im Kompostwerk Biogas erzeugen?

Dr.-Ing. Ottomar Rühl

Kompostwerk Göttingen GmbH
Göttingen

Dr.-Ing. Rainer Scholz

ATZ Entwicklungszentrum
Sulzbach-Rosenberg

ATZ Entwicklungszentrum, Sulzbach-Rosenberg
Verlag Förster Druck und Service, Sulzbach-Rosenberg

1 Einleitung

Die ständig knapper werdenden Ressourcen fossiler Energieträger sowie die zunehmenden klimatischen Veränderungen durch deren intensivere Nutzung sind die Triebkraft für das Umdenken in der Energieversorgung. So haben sich in den letzten Jahren vor allem kleinere Anlagen der Energieerzeugung etabliert, die einen entscheidenden Anteil an der Gesamtenergieerzeugung sicherstellen. Der Vormarsch erneuerbarer Energien hat nicht nur vor dem Hintergrund des EEG eine rasante Entwicklung vollzogen und erfordert in immer stärkerem Maße die Umsetzung von dezentralen Energieversorgungskonzepten.

Die bisher konventionell betriebenen Kompostwerke können sich dieser Entwicklung nicht verschließen, da die Inputmaterialien nahezu zu 100 % aus nachwachsenden Rohstoffen bestehen.

Die bisherige Forderung nach Schließen von Stoffkreisläufen steht nicht mehr primär im Vordergrund. Die energetische Nutzung der biogenen Abfälle stellt heute eine zwangsläufige Notwendigkeit dar. Und nur in einer sinnvollen Kombination von Verfahren wird es gelingen, unter ökonomischen und ökologischen Gesichtspunkten eine optimale stoffliche und energetische Nutzung dieser Abfälle zu erreichen.

Vor diesem Hintergrund hat die Kompostwerk Göttingen GmbH zunächst in Zusammenarbeit mit dem ATZ Entwicklungszentrum Sulzbach-Rosenberg verfahrenstechnische Alternativen geprüft.

Die Ergebnisse wurden bereits ausführlich auf Fachtagungen vorgestellt und diskutiert [1, 2, 3] und waren Anlass für die Entscheidung, die Verfahrenstechnik des Kompostwerkes Göttingen bei Nutzung aller bereits vorhandenen peripheren und baulichen Einrichtungen umzustellen.

2 Umstellung auf Container-Tunnel-Kompostierung (ConTuKo) als Voraussetzung zur Nutzung des energetischen Potenzials des Bioabfalles

Wie bereits auf der 1. Fachtagung 2005 berichtet [3], ist das Ergebnis der in den Jahren 2001 und 2002 konzeptionellen und praktischen Voruntersuchungen ein für das Kompostwerk Göttingen angepasstes Intensivrotteverfahren – die Kombination von Container- und Tunnelkompostierung [4].

Nach der Aufbereitung des Bioabfalls erfolgt dessen weiterer Transport in Spezialcontainern aus Edelstahl, die mit einem Lochboden für die Zwangsbelüftung und den Sickerwasserablauf versehen sind, durch die bestehenden Intensivrottetunnel, in denen dann die statische Intensivrotte stattfindet.

In den Intensivrottetunneln wurden die bisherigen Spaltenböden entfernt und gemäß der gewählten Containergröße an den entsprechenden Containerstellplätzen durch Entsorgungsfenster ersetzt.

Der Transport in den Tunneln und der Rücktransport außerhalb der Tunnel erfolgt über Schienen.

Wie lässt sich im Kompostwerk Biogas erzeugen?

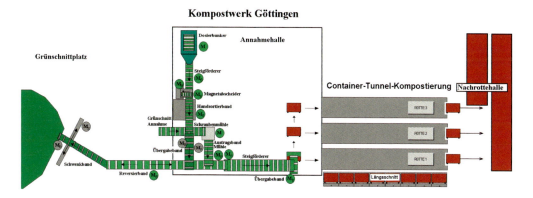

Bild 1:   Anlagenschema Container-Tunnel-Kompostierung

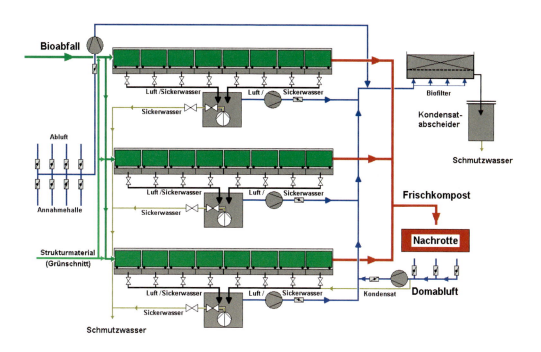

Bild 2:   Verfahrensschema der Container-Tunnel-Kompostierung

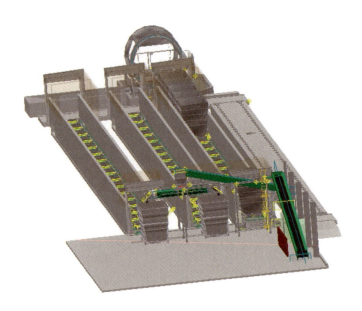

Bild 3: 3D-Darstellung des umgebauten Anlagenbereiches

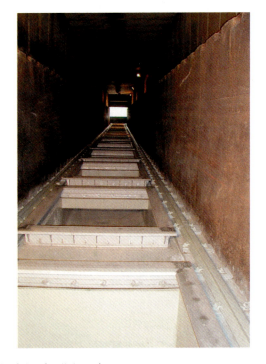

Bild 4: Umgebauter Intensivrottetunnel

Wie lässt sich im Kompostwerk Biogas erzeugen?

Bild 5: Containerentleerung

Bild 6: Containerentleerung

Bild 7: Spezialcontainer auf Rückholgleis

Mit der Umstellung der Verfahrenstechnik im Kompostwerk Göttingen auf Container-Tunnel-Kompostierung wurde Anfang 2005 begonnen. Der Umbau der Intensivrotten erfolgte schrittweise Rotte für Rotte bei laufendem Produktionsbetrieb.

Im April 2006 waren die Umbaumaßnahmen beendet. Seitdem läuft die Anlage störungsfrei.

Auch die prognostizierten Verbesserungen haben sich eingestellt:

- Kombination von Tunnel- und Containerkompostierung ohne aufwendige bauliche Veränderungen, das heißt weitestgehende Nutzung der vorhandenen Anlagenkonfiguration.
- Neuinvestitionen in der Größenordnung des erforderlichen Reinvests für die BIOFERM®-Intensivrotte und Wegfall der Kosten für die bisher notwendige Fremdverwertung aufgrund von Betriebsstillständen.
- Wesentlich geringere Instandhaltungskosten aufgrund geringer Störanfälligkeit wegen des Verzichts auf elektromechanische Verfahrenstechnik in den Intensivrotten.
- Alle erforderlichen Wartungs- und Instandhaltungsmaßnahmen können außerhalb der Intensivrotten durchgeführt werden.

- Verdoppelung der Tunnelkapazität durch bessere Ausnutzung des vorhandenen Tunnelvolumens erlaubt eine doppelte Verweildauer des Rohkompostes in den Intensivrottetunneln.
- Verbesserung der Qualität des Intensivrotteoutputs, so dass die Nachrotte mittels Dombelüftungsverfahren unter optimalen Bedingungen durchgeführt werden kann, jetzt sogar die sofortige Aufbereitung von Frischkompost direkt nach der Intensivrotte möglich ist.
- Eine weitere, wesentliche Verringerung der Geruchsemissionsquellstärken der Gesamtanlage.

3   Integration einer aeroben Perkolationsstufe mit anschließender Vergärung

Mit der Inbetriebnahme der ersten, auf Container-Tunnel-Kompostierung umgestellten Intensivrotte im September 2005 begannen die Untersuchungen des ATZ Entwicklungszentrums zur Perkolation bei laufendem Betrieb im Kompostwerk Göttingen, um das Scale-up der im Technikum gewonnenen Ergebnisse zu überprüfen und nach Möglichkeit das noch vorhandene Optimierungspotential voll auszuschöpfen.

Bild 8:   Vorrichtung zur Perkolation

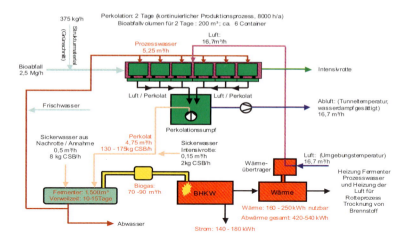

Bild 9: Verfahrensschema der Perkolation/Vergärung mit Massen- und Energiebilanz (Auszug aus [6])

Die unter Praxisbedingungen ermittelten Ergebnisse bildeten die Grundlage für die Planungen und Auslegung der zu errichtenden Vergärungsanlage einschließlich der Anlagen zur energetischen Nutzung des erzeugten Biogases.

Die zusätzliche Betriebseinheit „Vergärung" mit einem Fermentervolumen von 1.885 m³ und einem BHKW mit einer Leistung von 180 kW$_{el}$ beantworten somit die als Überschrift formulierte Frage.

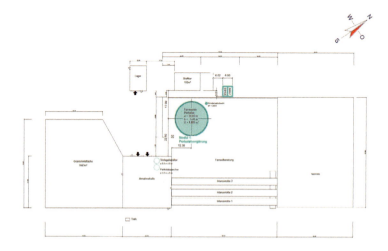

Bild 10: Lageplan Modul „Perkolatvergärung"

4 Aussichten

Seit Januar 2006 kooperiert die Kompostwerk Göttingen GmbH mit der Hochschule für angewandte Wissenschaft und Kunst (HAWK) Göttingen im Rahmen des AGIP Projektes „Steigerung der Energieeffizienz von Kompostierungsanlagen", um Potentiale aufzuzeigen und die Energiegewinnung zu optimieren. Inhalte sind neben technischen Optimierungen das Aufzeigen von energetischen Potentialen aus Co-Substraten.

Im Rahmen dieses Projektes sind im Stadtgebiet Göttingen Erhebungen zum Anfall weiterer biogener Abfälle gemacht worden, die bisher nicht im Kompostwerk entsorgt werden konnten. Es ergab sich ein Potential von ca. 4.300 Mg/a an vorwiegend Speise- und Kantinenabfällen.

Die nun vorhandene Infrastruktur erlaubt es, durch modulare Erweiterung auch solche Abfälle anaerob vorzubehandeln und anschließend in den aeroben Behandlungsprozess zu überführen.

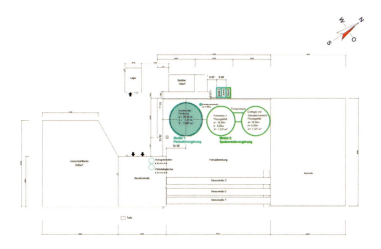

Bild 11: Ergänzung des Betriebsteiles „Vergärung" um das Modul „Speiserestevergärung"

Nach Anfragen von Landwirtschaftsbetrieben aus der unmittelbaren Nachbarschaft ist auch die Erweiterung mit einem Modul zur Vergärung von reinen NawaRos ein Thema.

Wie unschwer aus Bild 9 zu erkennen ist, sind die Intensivrottetunnel ohne Veränderung der Peripherie auch zur Trocknung der in den Containern befindlichen Stoffe geeignet. Mit den im BHKW anfallenden Wärmemengen steht hier ein Trocknungspotential zur Verfügung, dass in hervorragender Weise zu Aufbereitung geeigneter Brennstoffe aus nachwachsenden Rohstoffen genutzt werden kann.

5 Quellen

[1] Prechtl, S, Anzer, T., Schneider, R., Faulstich, M., Rühl, O., Kausch, U.: „Energetische Optimierung von biologischen Abfallbehandlungsanlagen". in: Bilitewski, B., Werner, P., Rettenberger, G., Stegmann, R., Faulstich, M. (Hrsg.), Anaerobe biologische Abfallbehandlung, Eigenverlag TU Dresden, 2004

[2] Prechtl, S., Anzer, T., Schneider, R., Faulstich, M., Rühl, O., Kausch, U.: „Verbesserung der Energieeffizienz von Kompostierungsanlagen durch Einsatz eines Anaerobverfahrens" in: Handbuch zur Fachtagung DepoTech 2004, Leoben 24. bis 26 November 2004

[3] Rühl, O., Kausch, U.: „Energie aus Abfällen" in: Verfahren und Werkstoffe für die Energietechnik, Bd. 1, Martin Faulstich (Hrsg.), Energie aus Biomasse und Abfall, Förster Verlag 2005, S. 119

[4] 1. Fachtagung ATZ Entwicklungszentrum, Sulzbach-Rosenberg 6. bis 7. Juli 2005

[5] Kausch, U., Rühl, O.: „Verfahren und Vorrichtung zur Intensivverrottung von organischem Material, insbesondere Rohkompost"

[6] EP 1 310 470 A1

[7] Kausch, U., Rühl, O.: „Verfahren und Vorrichtung zur Behandlung von organischem Material, insbesondere Bioabfall"

[8] DE – PS 102 10 701 C1

[9] Faulstich, M., Prechtl, S., Scholz, R.: Abschlussbericht „Wissenschaftlich-technische Begleitung der verfahrenstechnischen Umstellung des Kompostwerkes Göttingen" ATZ Entwicklungszentrum, Sulzbach-Rosenberg

Biomasse, Biogas, Biotreibstoffe...

Ihre Kompetenz in der

➤ Nass- / Trockenvergärung

➤ Mechanisch biologischen Abfallbehandlung

Unsere Lösungen für

➤ Grobstoffabscheidung

➤ Sandabscheidung / -aufbereitung

➤ Prozesswasseraufbereitung

➤ Gärrestentwässerung / -trocknung

Der Wurm kann's - HUBER auch!

Hans Huber AG · Maschinen- und Anlagenbau · Postfach 63
92332 Berching · Tel.: +49-8462-201-0 · Fax: +49-8462-201-810
E-Mail: info@huber.de · **www.huber.de**

Martin Faulstich, Stephan Prechtl [Hrsg.]

Verfahren & Werkstoffe für die Energietechnik: Band 3
Biomasse, Biogas, Biotreibstoffe... Fragen & Antworten

Wie entscheidet ein Investor von Biotreibstoff-Projekten?

Dipl.-Kfm. Klaus Hildebrand

Premicon AG

München

ATZ Entwicklungszentrum, Sulzbach-Rosenberg

Verlag Förster Druck und Service, Sulzbach-Rosenberg

1 Einleitung

Bioenergie und Biotreibstoffe sind zweifelsfrei ein Wachstumsmarkt in den nächsten Jahren in Deutschland und es ist ein sehr junger Markt. Beide Faktoren führen dazu, dass aus der Branche selbst noch nicht soviel erwirtschaftet wird, um die Investitionen zu realisieren, die der Markt fordert und ermöglicht.

Um also in Zukunft das Wachstum dieses Marktes zu finanzieren, ist branchenfremdes Kapital erforderlich und zwar in großem Umfang. Nur dieses branchenfremde Kapital ermöglicht auch die Eigenkapitalausstattung, die in diesem Markt erforderlich ist, um die notwendigen Bankmittel zu erhalten. Aus der Branche selbst erwirtschaftetes Kapital würde eine hohe Fremdmittelquote erfordern, die bei den Banken aufgrund des jungen Marktes auf absehbare Zeit nicht zu bekommen sein wird.

Branchenfremdes Kapital heißt Investoren einzubinden, die Ihren Gewinn aus anderen Wirtschaftsbereichen in diesen Markt investieren. Dafür gibt es unterschiedliche Formen. Die Bekannteste ist die Aktienemission. Diese Finanzierungsform ist jedoch für die Finanzierung von Biotreibstoffwerken nicht praktikabel.

Aktienemissionen bedürfen immer eines sehr hohen Volumens, um wirtschaftlich sinnvoll zu sein. Bei Biotreibstoffprojekten muss jedoch die Warenlogistik die Größe festsetzen und nicht das erforderliche Kapitalvolumen einer Aktienemission.

Ein weiterer Grund spricht gegen eine Aktienemission. Aufgrund des jungen Marktes und der kurzen Markthistorie besteht die Gefahr, dass die Börsenumsätze zu gering sind und damit schon wenige Verkäufe zu starken Kursverlusten führen. Dafür gibt es bereits einige Beispiele. Biotreibstoffprojekte sind Investitionen die längerfristig zu sehen sind und sich damit nicht mit der Kapitalfluktuation einer Aktienemission in einen jungen Markt vertragen.

Als Alternative bietet sich der geschlossene Fonds an, der im Vergleich in Deutschland ohnehin weiter wächst.

Die folgende Grafik zeigt die Veränderung der Nettomittelverteilung im Jahr 2006 auf dem deutschen Kapitalmarkt.

Wie entscheidet ein Investor von Biotreibstoff-Projekten?

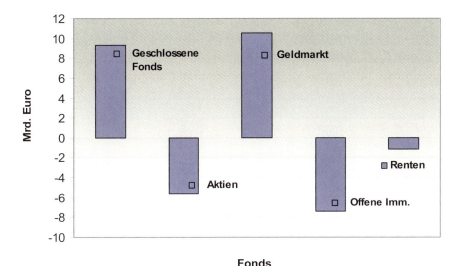

Bild 1: Veränderung der Nettomittel in 2006

Der Trend zeigt, dass der geschlossene Fonds als Finanzierungsform gegenüber den anderen Alternativen zunimmt, mit Ausnahme der Geldmarktfonds. Dies wiederum zeigt, dass viel Kapital auch für Kapitalanlagen zur Verfügung steht.

Der geschlossene Fonds verfügt über einige besondere Vorteile:

- Es besteht eine lange Tradition und deutsche Investoren kennen diese Beteiligungsform und bevorzugen sie, weil sie Ihr Unternehmen unmittelbarer erleben wollen.
- Es liegt eine wesentlich höhere Unternehmensbindung vor, da die Investoren sich bewusst entscheiden eine Beteiligung von mindestens 20.000 EUR oder mehr längerfristig zu halten. Nicht der Tageskurs entscheidet, sondern die langfristige Erwartung in den Markt.
- Es gibt eine große Anzahl von über Jahrzehnten erfahrene Emissionshäuser.
- Der Markt verfügt derzeit über erhebliches Volumen durch den Wegfall der Medienfonds und der Windkraftanlagen. Beide Bereiche haben sich nur aufgrund steuerlicher Vorteile gerechnet und diese sind zwischenzeitlich weggefallen. Auch die Schiffsbeteiligungen werden in den nächsten Jahren eher rückläufig sein, da sich die Schifffahrtsraten derzeit wieder nach unten bewegen.

Biotreibstoffe sind ein Wachstumsmarkt, der ohne Einkommenssteuervorteil auskommt und damit dem Trend der nächsten Jahre entspricht.

Im letzten Jahr (2006) hat sich die Entwicklung innerhalb der geschlossenen Fonds wie folgt verteilt.

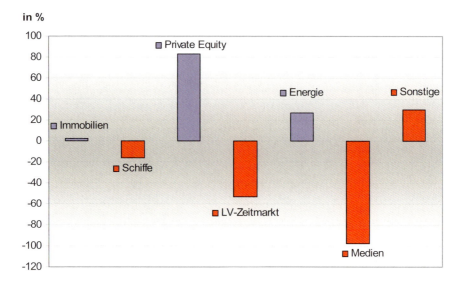

Bild 2: Entwicklung der geschlossenen Fonds

Bild 3: Biodieselanlage der Premicon AG (in Bau)

Eine Umfrage unter den Emissionshäusern und den Vertrieben in Deutschland hat ergeben, dass beide Gruppen im Jahr 2007 den Bereich „Energiefonds" weiterhin im Trend an zweiter Stelle sehen. Bei den Vertrieben handelt es sich dabei derzeit bei 54 % um Banken.

Mittelfristig wird auch der Umfang der Private Equity Fonds sinken, da der Marktzyklus für Unternehmenskäufe zur Zeit auf einem sehr hohen Niveau steht und damit bei aktuellen Equity-Fonds in Zukunft nicht alle Erwartungen erfüllt werden dürften.

Wie entscheidet ein Investor von Biotreibstoff-Projekten?

Damit haben Projekte für Biotreibstoffe eine besondere Chance. Die Nachfrage bei den Anlegern ist vorhanden. Bei der ersten Biodieselanlage, die auf Basis eines von der Bafin geprüften Prospektes von der Premicon AG, München, platziert wurde, war die Platzierungszeit für rund 19 Mio. € Eigenkapital eine Woche.

Das Kapital ist also grundsätzlich vorhanden, es stellt sich nun die Frage, wie entscheiden sich die Kapitalanleger für das einzelne Projekt, d.h. welche Vorraussetzungen müssen erfüllt sein.

2 Grundsätzliche Erwägungen

Während früher Kapitalanlagen oft nur nach der Höhe des Steuervorteils beurteilt wurden, kommt jetzt immer mehr die Leistungsbilanz des Emissionshauses als das wesentliche Entscheidungskriterium zum Tragen.

Ein Grund für diese Entwicklung ist, dass in den letzten Jahren immer mehr Banken die Vermittlung von geschlossenen Fonds übernommen haben und diese sich wieder an Beurteilung von Rating- Agenturen halten oder selbst Ratings durchführen. Ratings bei geschlossenen Fonds haben im Wesentlichen drei Faktoren:

- Die Unternehmensstruktur: dazu zählen die Beurteilung der Unternehmensführung, die Bonität sowie die Historie des Unternehmens und der dort handelnden Personen.
- Kompetenz: hier werden vor allem die Markterfahrungen und das Fondsmanagement über die Jahre beurteilt.
- Performance: hier steht die Leistungsbilanz, das heißt die bisherigen Ergebnisse im Mittelpunkt.

Wenn Emissionshäuser mit einem guten Rating in Biotreibstoffprojekte investieren, kann dies auch für die Anleger und für die Branche eine lange Erfolgsgeschichte werden, so wie zum Beispiel in der Hochseeschifffahrt. Dort werden in Deutschland seit über 40 Jahre Hochseeschiffe im Rahmen von geschlossenen Fonds finanziert. Dies hat dazu geführt, dass 70 % der Weltcontainerflotte in deutschem Besitz sind. Gerade dieses Beispiel zeigt die enormen Möglichkeiten des geschlossenen Fonds im Kapitalmarkt.

Aber es bestehen auch Gefahren für die Marktentwicklung. Die Analyse der bisherigen Fondsprojekte im Energiebereich zeigt, dass derzeit bei den Anlegern überzogene Erwartungen geschürt werden. Ein Grund dafür ist sicher, dass sich in diesem Markt derzeit viele neue und unerfahrene Entwickler von Projekten bewegen. Sie wollen ihre fehlende Markthistorie und Leistungsbilanz durch höhere Renditeversprechen kompensieren. Es hat auch schon die ersten „Bauchlandungen" gegeben und es mussten geschlossene Fonds rückabgewickelt werden, da die Vorraussetzung für die Platzierung nicht erfüllt waren.

Die Untersuchung der bisherigen Fonds nach der dargestellten durchschnittlichen und maximalen Rendite zeigt, dass Energiefonds an der Spitze liegen.

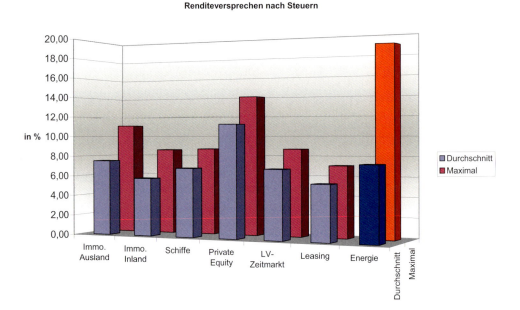

Bild 4:   Renditeversprechen nach Steuern

Für die Platzierung wäre diese hohe Renditeerwartung nicht erforderlich. Es gibt sehr viele Projektentwickler, die in ihr Projekt ein oder zwei Jahre Arbeit gesteckt und dann erst an die Finanzierung gedacht haben. Sie sind dann erstaunt, dass Ihnen die Banken nicht in dem erwarteten Umfang zur Seite stehen. Diese „Verwunderung" ist auch in der Tatsache begründet, dass viele der Projekte zu optimistisch gerechnet sind. Es ergeben sich dann „Traumrenditen" und von den Projektentwicklern wird nicht erkannt, dass die Banken das Risikoraster ganz anders sehen.

Erfahrene Emissionshäuser müssen deshalb oft den Höhenflug bremsen und eine realistische Chancen-Risiko Bewertung durchführen. Die Erstellung und der Betrieb einer industriellen Anlage und nichts anderes ist ein Biotreibstoffwerk, birgt in sich eine Reihe von Risiken, die auch für den Anleger realistisch dargestellt werden müssen.

Mittelfristig werden die Anbieter von geschlossenen Fonds, die mit maßvollen aber einhaltbaren Aussagen und vor allem Anbieter von Fonds mit einem professionellen Fondsmanagement sehr erfolgreich in diesem Markt sein. Für diese Initiatoren werden sich dann auch die Anleger entscheiden, das heißt also nicht die hohen Ausschüttungen, sondern die Performance wird die Grundlage für die Entscheidung der Anleger sein.

Neben der Performance gibt es noch einen weiteren Aspekt, der mit in die Entscheidung der Anleger fließt. Jeder erfahrene Kapitalanleger weiß, dass ein zentraler Grundsatz ist sein Risiko das heißt damit auch seine Kapitalanlagen zu streuen.

Wie entscheidet ein Investor von Biotreibstoff-Projekten?

Zuerst profitieren davon die Biotreibstoffwerke, da es in diesem Bereich noch wenig Angebote gibt und damit Anleger die Chance sehen ihr Kapital in einen neuen Markt zu investieren.

Allerdings kann sich dieser Vorteil schnell abnutzen, da bereits beim zweiten oder dritten Angebot die Anleger befürchten zuviel auf diesen Bereich zu setzen. Bei Schiffsfonds hatten die Anleger die Möglichkeit in unterschiedliche Schiffstypen, aber auch in Schiffe mit unterschiedlichen Beschäftigungsgrundlagen zu investieren und damit innerhalb der Branche zu streuen.

Im Bereich der Biotreibstoffe handelt es sich immer wieder um das gleiche Produkt, so dass eine Streuung intern hier nicht stattfindet.

Es müssen deshalb Modelle konzipiert werden, die für den Anleger auch eine Risikostreuung einbauen, wenn er sich an mehreren Biotreibstoffprojekten beteiligt. Es ist zum Beispiel denkbar, dass Poolausgleiche gefunden werden zwischen den unterschiedlichen Biotreibstoffen aber auch zwischen unterschiedlichen Standorten und vor allem Technologien. Es ist davon auszugehen, dass sich Anleger an Fonds die einen derartigen Ausgleich mit eingebaut haben in Zukunft bevorzugt beteiligen werden.

Bild 5: Geschäftsfeld der Premicon AG – Beteiligung an Hochseeschiffen

3 Spezielle Aussagen

Neben den grundsätzlichen Überlegungen von Kapitalanlegern, in welchem Bereich und bei welchem Anbieter sie investieren, sind auch die Eckdaten des Projekts von Bedeutung.

Dazu zählen die folgenden Punkte:

1. Die Qualität des Standorts, insbesondere ein nachvollziehbares Logistikkonzept inklusive der Rohstoffbeschaffung:
   Schnell wird aus der Marktanalyse für jeden Anleger klar, dass der Engpass vor allem in der Beschaffung der Rohstoffe liegt. Kumulieren sich steigende Rohstoffpreise auch noch mit langen Transportwegen und Logistikrisiken, werden nur die Werke wettbewerbsfähig bleiben, die die Rohstoffbeschaffung optimiert haben. Der Standort ist dabei von besonderer Bedeutung, ein Erfahrungswert, den der Anleger von seinen Immobilieninvestitionen kennt.

2. Die Rendite, dargestellt bei unterschiedlichen Annahmen der Einkaufs- und Verkaufspreise:
   Die Sensitivitätsanalyse gehört heute zu jedem professionell gestalteten Beteiligungsprospekt. Bei Biotreibstoffen wird diese Darstellung zu einem zentralen Verkaufsargument, da es keine unterschiedlichen Produktdarstellungen gibt. Entscheidend ist also zu welchem Preis produziert werden kann und wie sich die Rentabilität bei unterschiedlichen Einkaufs- und Verkaufspreisen entwickelt.

3. Die steuerlichen Ergebnisse sind auch in Zukunft für den Anleger von Interesse:
   Die folgende Grafik zeigt die Verteilung der Ein- und Auszahlungen eines Fonds unter Berücksichtigung von Steuerzahlungen und Steuerrückflüsse. Es wird unterschieden zwischen früher und heute nach der Einführung des § 15. b EStG im November 2005.
   Bild 6 zeigt, dass sich die Situation für die Kapitalanleger nach der Einführung des § 15. b EStG nicht wesentlich verschlechtert hat Gerade bei ertragsstarken Wachstumsmärkten sind geschlossene Fonds weiterhin steuerlich sehr attraktiv. So müssen im dargestellten Beispiel die Anleger trotz einer jährliche Ausschüttung von 11 % bis 14 % erstmals im 6. Jahr voll Steuern auf die Erträge dieser Beteiligung zahlen.

Bild 6: Zahlungsflüsse: Früher und heute

4. Das Schenkungs- und Erbschaftssteuerrecht wird zurzeit überarbeitet. Einigkeit besteht jedoch darin, dass bei Unternehmensverkäufen die Schenkungs- und Erbschaftssteuer begünstigt werden sollen:
Für die inländischen Biotreibstoffwerke ist dies ein Beteilungsargument mit zunehmender Bedeutung.

5. Die Beteiligung an inländischen Werken ermöglicht, dass die Kapitalanleger die Gewerbesteuer, weitgehend im Rahmen ihrer Jahresteuererklärung zurückbekommen.

Nicht nur die grundsätzlichen Erwägungen eines Kapitalanlegers, sondern auch die konkreten Eckdaten eines Beteiligungsangebotes, eröffnen dem Markt für Biotreibstoffe besondere Entwicklungschancen.

4 Quellen

[1] Modellrechnungen und Markt Analysen der Premicon AG
[2] Jahrbuch geschlossene Fonds, Scope Analysis, Berlin

Martin Faulstich, Stephan Prechtl [Hrsg.]

Verfahren & Werkstoffe für die Energietechnik: Band 3
Biomasse, Biogas, Biotreibstoffe… Fragen & Antworten

Wie schnell kann ich mit Autogas, Biogas oder Erdgas Auto fahren?

Dr. Peter Biedenkopf

Tyczka Energie GmbH & Co KGaA
Geretsried

ATZ Entwicklungszentrum, Sulzbach-Rosenberg
Verlag Förster Druck und Service, Sulzbach-Rosenberg

1 Einleitung

Mobilität ist eines der wesentlichen Charakteristika moderner Gesellschaften. Während die hoch industrialisierten Gesellschaften in Amerika, Europa und Japan eine PKW-Dichte von 495 Pkws/1.000 Einwohner (EU-Durchschnitt) bis 690 Pkws/1.000 Einwohner (Nordamerika) aufweisen, so liegen die meisten osteuropäischen sowie asiatischen Länder erheblich unter diesen Werten [1]. Aufgrund der Endlichkeit fossiler Brennstoffe sowie aufgrund der politischen Rahmenbedingungen kann eine weitere Entwicklung der Mobilität nur einhergehen mit einer Diversifizierung in der Treibstoffversorgung. Während in Deutschland heute Kerosin (Flugverkehr), Benzin und Diesel über 96 % der Treibstoffversorgung ausmachen, so haben erneuerbare Treibstoffe wie E85 (Gemisch aus Bioethanol und Benzin) in Südamerika schon wesentliche Marktanteile gewinnen können. Neben den „flüssigen" Treibstoffen werden Gase als Energiequelle immer wichtiger, wobei dieser Artikel eine Übersicht über den Stand der Verbreitung von Autogas, Biogas und Erdgas als Energiequelle für die „mobile Welt" geben soll.

2 Begriffsdefinition

Während die meisten Treibstoffe heute in flüssiger Form vorliegen, so werden die gasförmigen Treibstoffe in der Regel als Gas im Verbrennungsmotor eingebracht und verbrannt. Bei gasförmigen Brennstoffen unterscheidet man zwischen Autogas, Biogas und Erdgas, wobei die drei verschiedenen Gase auch in unterschiedlicher Art und Weise anfallen und gelagert werden. Wasserstoff wäre eine weitere gasförmige Alternative, jedoch befinden sich Wasserstoff betriebene Pkws immer noch im Versuchsstadium. Anfang 2007 eröffnete zwar die TOTAL Deutschland in München eine öffentliche Wasserstofftankstelle, jedoch liegen die Preise für flüssigen Wasserstoff an der Tankstelle bei 8 €/kg (inkl. MwSt – jedoch ohne Mineralölsteuer), was einem Preisäquivalent von 2,22 €/l für den Kraftstoff Benzin entspricht [2].

Doch zunächst eine Begriffsklärung:

AUTOGAS: Unter Autogas versteht man verflüssigte Propan/Butan Gasgemische, die unter leichtem Druck verflüssigt werden, um die Speicherkapazität zu erhöhen. Autogasgemische werden „flüssig" getankt, aber als gasförmiger Kraftstoff im Benzinmotor verbrannt. Hierzu werden Pkws mit Benzinmotoren mit einem speziellen Tank nachgerüstet (in der Regel im Ersatzrad-Kasten), wodurch ein „Bi-Fuel-Auto" (auch „bivalentes Fahrzeug" genannt) entsteht. Umgerüstete Benzinfahrzeuge können somit mit zwei Kraftstoffen (Benzin und Autogas) betrieben werden. Autogas ist erheblich „leichter" als Benzin oder Diesel und hat mit 540 kg/m³ eine erheblich geringere Dichte (siehe Tabelle 1). Der spezifische Heizwert liegt mit 12,8 kWh/kg jedoch über dem spezifischen Heizwert von Benzin oder Diesel und deutlich über dem Heizwert von Bioethanol.

CNG (compressed natural gas): Bei CNG handelt es sich um komprimiertes Erdgas, welches auf relativ hohe Drücke (über 200 bar) komprimiert wird. Anstelle eines Benzin-Luft-Gemisches wird ein aufbereitetes Erdgas-Luft-Gemisch in den Zylindern verbrannt. Der spezifische Heizwert liegt ähnlich hoch wie beim Autogas und in der Größenordnung der konventionellen Kraftstoffe. Erdgasfahrzeuge gibt es in zwei Ausführungen: bivalent und monovalent. Bivalente Fahrzeuge können sowohl mit dem Treibstoff Erdgas als auch mit Benzin fahren. Durch Betätigen eines Schalters oder automatisch kann der Betrieb zwischen den Kraftstoffen jederzeit gewechselt werden. Dadurch ist die Reichweite der Fahrzeuge vergleichbar mit konventionell angetriebenen Personenkraftwagen. Monovalente Fahrzeuge (monofuel) werden nur mit komprimiertem Erdgas betrieben oder haben einen zusätzlichen Nottank für maximal 15 Liter Benzin. Die Motoren bei monovalenten Fahrzeugen sind auf den Erdgasbetrieb technisch besser abgestimmt, der einen optimierten Kraftstoffverbrauch und geringere Schadstoffemissionen bietet. CNG ist als Kraftstoff effektiv etwas billiger als Autogas, erfordert jedoch aufgrund des höheren Drucks dickwandigere und damit schwerere Tanks. Als Konsequenz hieraus liegen die Umbaukosten für einen PKW deutlich höher und die umgebauten Pkws haben häufig geringere Reichweiten, die je nach Motorisierung und Eigengewicht des Pkws bei 200 bis 300 km liegt. Ist ein Fahrzeug ab Werk mit Unterflurtanks ausgestattet, so sind auch bei CNG-Fahrzeugen Reichweiten von über 400 km mit einer Tankfüllung erreichbar.

Tabelle 1: *Physikalische Eigenschaften unterschiedlichster flüssiger und gasförmiger Kraftstoffe für den PKW Antrieb.*

Kraftstoff	Dichte	Heizwert
Diesel	flüssig: 830 kg/m³	11,8 kWh/kg = 9,8 kWh/l
Super-Benzin	flüssig: 740 kg/m³	12,0 kWh/kg = 8,9 kWh/l
Bioethanol	flüssig: 789 kg/m³	7,44 kWh/kg = 5,9 kWh/l
Autogas	flüssig: 540 kg/m³	12,8 kWh/kg = 6,9 kWh/l
Erdgas – H	gasförmig: 0,81 kg/Nm³	13,0 kWh/kg = 10,5 kWh/l
Erdgas – L	gasförmig: 0,82 kg/Nm³	11,3 kWh/kg = 9,3 kWh/l

BIOGAS: Unter Biogas versteht man allgemein die durch anaerobe Fermentation entstandene Mischung aus Methan (CH_4) und Kohlendioxid (CO_2), wobei je nach Fermentationsprozess unterschiedliche Zusammensetzungen beobachtet werden. Biogas ist in seiner Rohform aufgrund des geringen Brennwertes nahezu ungeeignet, um in Pkws als Kraftstoff eingesetzt zu werden. Aus diesem Grunde wird das entstandene „Roh"-Biogas aufgearbeitet, indem man das enthaltene CO_2 abtrennt und somit reines Methangas erhält. Dieses „Bio"-Methangas wird komprimiert und kann in nachgerüsteten Pkws mit CNG-Zusatztank als Benzin und CNG Ersatz eingesetzt werden. Alternativ hierzu kann das gereinigte Biogas in das Erdgasnetz eingespeist werden, um dann in den konventionellen Absatzmärkten des Erdgases (Wärmemarkt, ...) eingesetzt zu werden.

3 Vorteile der gasförmigen Kraftstoffe im Vergleich zu Benzin und Diesel

Bedingt durch den geringeren Steuersatz auf die gasförmigen Kraftstoffe liegen die Betriebskosten pro gefahrenen Kilometer deutlich geringer als beim Fahren mit Benzin oder Diesel. Die wasserstoffreicheren Brennstoffe Autogas und Erdgas haben geringere CO_2 Emissionen und etwa um 20 % geringere NO_x-Emissionen. Zusätzlich hierzu haben die „aufbereiteten" Gase ein wesentlich besseres Verbrennungsverhalten und verlängern die Lebensdauer des Katalysators, da weniger unvollständig verbrannte Abgasbestandteile im Katalysator nach verbrannt werden müssen. Ein Vergleich der beiden gasförmigen Kraftstoffe zeigt Tabelle 2:

Tabelle 2: Vergleich der Oktanzahl, Emissionen und Reichweite beim Einsatz von Autogas und Erdgas

	Autogas	Erdgas
Oktanzahl	105 - 115	130
Stickoxid-Emissionen gegenüber Benzin	-20 %	-20 %
Kohlendioxid-Ausstoß gegenüber Benzin	-15 %	-15 % bis -25 %
Reichweite mit dem zweiten Tank	300 km bis 400 km	240 km bis 300 km

4 Tankstellensituation: Versorgung mit Autogas, Biogas und Erdgas

Der Tankstellenmarkt in Deutschland ist generell seit vielen Jahren durch eine starke Konsolidierung geprägt. Gründe für die Konsolidierung sind die rückläufige Nachfrage (insbesondere nach Ottokraftstoffen) sowie die Effizienzverbesserung moderner PKW Motoren. Existierten 1970 noch über 46.000 Tankstellen in Deutschland, so ist die Zahl der Tankstellen innerhalb von 30 Jahren auf 16.324 Tankstellen gesunken. Diese jahrzehntelange Konsolidierung ging in Deutschland kontinuierlich weiter, so dass ab 01.01.2007 lediglich noch 15.036 Tankstellen gezählt wurden inkl. Autobahntanks [3, 4]. Die meisten Tankstellen in Deutschland sind auf die vier gängigen Kraftstoffqualitäten (Benzin, Superbenzin, Diesel und SuperPlus) ausgerichtet. Hinzu kommen bei den großen Flotten (BP (= ARAL), Shell, Esso und TOTAL) die synthetisch erzeugten GtL-Kraftstoffe (gas to liquid). Die vier Marktführer in Deutschland (BP (= ARAL), Shell, Esso und TOTAL) dominieren den Tankstellenmarkt in Deutschland und besitzen 46 % aller Tankstellen.

Bedingt durch die steuerliche Gleichstellung von Erdgas und Autogas im Energiesteuergesetz (August 2006) sind Erdgas und Autogas bis 2018 mit einem reduzierten Steuersatz beaufschlagt. Die Gleichstellung der beiden gasförmigen Kraftstoffalternativen hat zu einem Investitionsschub in Deutschland geführt, wobei insbesondere die überwiegend mittelständisch geprägte Flüssiggasbranche massiv in neue Autogastankstellen investiert hat und investiert. Bereits vor der Gleichstellung der beiden gasförmigen Kraftstoffe wurden zahlreiche Investitionen in neue Autogastankstellen getätigt, so dass bereits im November 2005 mehr als 1.000 Autogastankstellen in Deutschland existierten. Im Juni 2006 wurde die 1.500ste Autogastankstelle eröffnet und im

Dezember 2006 die 2.000ste. Die 3.000ste Autogastankstelle wird wahrscheinlich in den kommenden 12 Monaten errichtet werden.

Ein ähnlich rasantes Wachstum, jedoch auf niedrigerem Niveau, wurde bei Erdgastankstellen beobachtet. Während die Autogas und Erdgastankstellen schon über oder nahe an der 1.000er Marke sind, existiert bis heute lediglich eine Biogastankstelle. Diese wurde am 22. Juni 2006 in Jameln offiziell eröffnet. Tabelle 3 gibt einen Überblick über die aktuelle Situation von Gastankstellen.

Tabelle 3: Vergleich Autogas und Erdgas: Anzahl Tankstellen und Anzahl gemeldete Umrüstbetriebe in Deutschland.

	Autogas	Erdgas
Vorhandene Tankstellen	2.180	741
Derzeit als „geplant" gemeldet	342	22
Anzahl an Umrüst-Betrieben	1.230	172
Anzahl Fahrzeuge (Stand 31.12.2006)	100.000	54.722

In Deutschland gibt es nach Angaben des Kraftfahrt-Bundesamts 40.585 Autogas-Fahrzeuge (Stand: Januar 2006). Diese Zahl gibt aber nur einen Teil der tatsächlich vorhandenen Fahrzeuge wieder, da es sich bei den meisten Autogas fähigen Fahrzeugen um umgerüstete Nicht-OEM-Fahrzeuge handelt, die in den vielen Fällen in den Fahrzeugpapieren mit dem ursprünglichen Schlüssel geschlüsselt und deshalb in der Statistik nicht als bivalente LPG-Fahrzeuge erkannt werden [5].

5 Weltweite Verbreitung von Auto- und Erdgasfahrzeugen

Autogas hat die europa- und weltweit eine sehr hohe Verbreitung erreicht. Deutschland ist hier europaweit Schlusslicht und wird von Polen, der Türkei, Italien und anderen EU Ländern deutlich überholt. Polen besitzt mit rund 2 Mio. Autogas-Pkws 20 Mal mehr umgerüstete Pkws als Deutschland. Neben der deutlich höheren Anzahl an Tankstellen existieren auch in den meisten europäischen Ländern erheblich mehr Autogas-Pkws, so dass eine ausreichend hohe Auslastung der Autogastankstellen gewährleistet ist. Während in Deutschland aufgrund des relativ jungen Autogas-Marktes eine Pkw-Dichte pro Autogas-Tankstelle von rund 43 vorliegt, so liegt der Quotient in den meisten europäischen Ländern oberhalb von 100. Die Auslastung einer Autogastankstelle in Italien ist somit um den Faktor 10 höher als in Deutschland, was einen erheblich rentableren Betrieb der Autogastankstellen in Italien vermuten lässt. Einen Überblick über den Stand der Verbreitung von Autogas Pkws und Autogas-Tankstellen weltweit gibt Tabelle 4.

Tabelle 4: Anzahl Autogas-Pkws. Autogastankstellen und resultierender Quotient in verschiedenen Ländern weltweit.

	Pkw	Anzahl Autogas-Tankstellen	Quotient: Autogas Pkws pro Autogas Tankstelle
Polen	2.000.000	5.900	339
Türkei	1.500.000	5.000	300
Italien	990.000	2.300	430
Mexiko	750.000	1.800	417
Australien	515.000	3.250	158
Russland	500.000	450	1.111
Japan	295.000	1.800	164
Indien	250.000	135	1.852
Niederlande	248.000	2.200	113
Bulgarien	216.000	2.150	100
USA	196.000	2.870	68
Süd Korea	189.000	1.250	151
Deutschland	100.000	2.180	46

Erdgasautos finden ebenso wie Autogas-Pkws eine weite Verbreitung. Eine sehr hohe Verbreitung haben Erdgasfahrzeuge in Argentinien (1,422 Mio. Fahrzeuge) und Brasilien (1,253 Mio. Fahrzeuge), in nahezu allen anderen Ländern findet man mehr Autogas- als Erdgas-Fahrzeuge [6]. Im direkten Vergleich zwischen den Tabellen 4 und 5 ist erkennbar, dass die autogasreichen Länder (Polen und Türkei) nahezu kaum auf Erdgas setzen, was sich anhand der unzureichenden Zugänge der beiden Länder zum Erdgasnetz erklären lässt. Lediglich Italien und Indien zeigen keine wesentliche Diskrepanz zwischen Erdgas und Autogasnutzern.

Tabelle 5: Anzahl Erdgas-Pkws, Erdgastankstellen und resultierender Quotient in verschiedenen Ländern weltweit [6].

	Pkw	Anzahl Erdgas-Tankstellen	Quotient: Erdgas Pkws pro Erdgas Tankstelle
Polen	771	28	28
Türkei	520	6	87
Italien	412.550	588	702
Mexiko	3.037	6	506
Australien	2.060	127	16
Russland	60.000	218	275
Japan	30.469	311	98
Indien	334.820	325	1.030
Niederlande	550	11	50
Bulgarien	12.500	17	735
USA	146.876	1.600	92
Süd Korea	11.578	107	108
Deutschland	54.772	741	74

6 Technische Weiterentwicklung

Der technische Trend bei neuen Benzinmotoren geht eindeutig in Richtung der direkten Benzineinspritzung (so genannte FSI Motoren = **F**uel **S**tratified **I**njection, geschichtete Benzin-Direkteinspritzung). Die Verwendung von gasförmigen Kraftstoffen in Motoren mit Benzin-Direkteinspritzung ist technisch machbar, jedoch sind noch nicht alle technischen Probleme geklärt.

Eine weitere Möglichkeit für die Nutzung gasförmiger Brennstoffe besteht zumindest bei Flüssiggas in der LPI-Motorentechnik. LPI ist die Abkürzung für **L**iquid **P**ropane **I**njection, wobei sequenziell eine Gaseinspritzung in flüssiger Form vorgenommen wird. Der große Vorteil des Einspritzens in flüssiger Form ist die kühlende Wirkung des verdampfenden Autogases (Innenkühlung) im Verbrennungsraum. Hierdurch ergibt sich ein besserer Füllungsgrad in den einzelnen Zylindern und somit ein höherer Wirkungsgrad des Motors gegenüber den Flüssiggassystemen mit gasförmiger Kraftstoffeinbringung.

Eine weitere Möglichkeit für den Einsatz von Erdgas/Biogas als Kraftstoffe wird in dem CLEVER Projekt derzeit erforscht. Ziel des CLEVER-Projekts ist die Entwicklung eines neuen Brennverfahrens für geregelt turboaufgeladene Erdgas-/Biogasmotoren sowie einer auf dieses Motorenkonzept abgestimmten Hybridisierung, also der Kombination des Verbrennungsmotors mit einem Elektromotor. Der neue Antrieb soll, im Vergleich zu herkömmlichen Erdgasmotoren, im offiziellen europäischen Fahrzyklus eine bessere Energieeffizienz bei gleichzeitig wesentlich niedrigeren Abgasemissionen aufweisen [6].

7 Fazit und Beantwortung der eingangs gestellten Frage

Autogas, Biogas und Erdgas stellen aussichtsreiche Kraftstoffe für eine Diversifizierung in der Kraftstoffversorgung dar. Generell liegen die Betriebskosten pro Kilometer mit gasförmigen Kraftstoffen deutlich unter dem Niveau von flüssigen Kraftstoffen, wobei durch die geringere Dichte die Einsparung nicht so hoch ausfällt, wie es die ausgewiesenen Literpreise vermuten lassen. Aufgrund des günstigeren Umbaus und der fast schon flächendeckenden Versorgung mit Autogastankstellen, liegt derzeit der gasförmige Kraftstoff Autogas Deutschland und weltweit deutlich vor Erdgas und Biogas. Mit nur einer Biogastankstelle in Deutschland wird Biogas eher eine Randerscheinung in der Versorgung mit Kraftstoffen bleiben.

Prinzipiell kann man mit Autogas, Erdgas und Biogas immer und überall Auto fahren, die Geschwindigkeit wird im Wesentlichen von der Motorenleistung und nicht vom eingesetzten Kraftstoff definiert.

8 Quellen

[1] Prof. Dr. F. Dudenhöffer: „Mittel und Osteuropa, Neuer Aufbruch mit EU-Erweiterung", Vortrag auf dem Automobilforum Mittel und Osteuropa, Congress Centrum Leipzig am 23.6.2004

[2] „Total eröffnet neue Wasserstofftankstelle", Energie Informationsdienst, Nr. 14/07, Seite 9

[3] Angaben des Mineralölwirtschaftsverbandes

[4] Energie Informationsdienst Nr. 31/2006, Seite 2

[5] www.gas-tankstellen.de

[6] Natural Gas Vehikel Group 2006 und Energie-Informationsdienst Nr. 13/2007 Seite 15

[7] Pressemitteilung idw (Informationsdienst Wissenschaft) vom 12.2.2007

CFC Solutions GmbH, eine 100 %ige Tochtergesellschaft der Tognum GmbH, entwickelt und produziert stationäre Brennstoffzellen (> 200 kW$_e$) für die umweltfreundliche und dezentrale Energieversorgung der Zukunft.

Die Schmelzkarbonat-Brennstoffzelle (MCFC) der CFC Solutions arbeitet bei einer Betriebstemperatur von 650 °C und liefert neben Strom auch wertvolle Nutzwärme von 400°C.

Unsere Brennstoffzelle namens HotModule ist konventionellen Blockheizkraftwerken weit überlegen: der hohe elektrische Wirkungsgrad von fast 50 % übertrifft alle traditionellen Technologien und der nahezu geräuscharme Betrieb eignet sich ideal auch für innerstädtische Anwendungen.

Mit mehr als 290.000 Betriebsstunden, Zell-Stapel Lebensdauer von 30.000 Stunden, elektrischen Wirkungsgrad von 47 % und einer technischen Verfügbarkeit von ca. 99 %, haben unsere Anlagen ihre Marktreife bereits unter Beweis gestellt.

Energieerzeugung mit Erdgas, Biogas oder Synthesegas (> 200kW$_e$)

Hoher elektrischer Wirkungsgrad von 200 -3.000 kW$_e$ bei äußerst geringen Emissionen.

Direkte Energiewandlung von Erdgas oder Biogas.

Kein zusätzlicher Wasserstoff nötig aufgrund von interner Reformierung.

Für mehr Information, besuchen Sie uns auf www.cfc-solutions.com oder kontaktieren Sie uns unter +49 89 203042-800

Martin Faulstich, Stephan Prechtl [Hrsg.]

Verfahren & Werkstoffe für die Energietechnik: Band 3

Biomasse, Biogas, Biotreibstoffe... Fragen & Antworten

Die Nutzung von Pflanzenöl in Diesel-Motoren

Prof. Dr.-Ing. Markus Brautsch

FH Amberg-Weiden, Fachbereich Maschinenbau

Amberg

ATZ Entwicklungszentrum, Sulzbach-Rosenberg

Verlag Förster Druck und Service, Sulzbach-Rosenberg

1 Pflanzenöle als Motorkraftstoff

Biogene Flüssigkraftstoffe sind keinesfalls neu. Mit Pflanzenöl experimentierte um die Jahrhundertwende bereits Rudolf Diesel. 1912 formulierte er in seiner Patentschrift zu einem Zeitpunkt als Energiekrisen, Klimaveränderung und Ozonloch noch nicht diskutiert wurden:

„Der Gebrauch von Pflanzenöl als Kraftstoff mag heute unbedeutend sein. Aber derartige Produkte können im Laufe der Zeit ebenso wichtig werden wie Petroleum und diese Kohle-Teer-Produkte von heute."

1.1 Nachhaltigkeit

Aufgrund ihrer Eigenschaften bieten Pflanzenölkraftstoffe besondere Vorteile hinsichtlich Ökologie, Sozialverträglichkeit und Ökonomie:

- Pflanzenölkraftstoffe sind CO_2-neutral, das heißt bei der Verbrennung wird nur die Menge an CO_2 emittiert, die während der Vegetationsphase von der Pflanze absorbiert wurde. Es liegt ein geschlossener Kohlendioxidkreislauf vor.
- Da Pflanzenölkraftstoffe nahezu schwefelfrei sind, lassen sich Schwefeldioxidemissionen und auch die Gefahr der Katalysatorvergiftung durch Schwefel im Kraftstoff vermeiden.
- Pflanzenölkraftstoffe sind durch ihre schnelle biologische Abbaubarkeit und durch ihre geringe Toxizität ökologisch wesentlich günstiger als Dieselkraftstoffe und eignen sich somit auch für umweltsensible Gebiete mit besonderen Anforderungen an den Boden- und Gewässerschutz.
- Pflanzenöle stellen einfachere Anforderungen an Lagerung und Transport: Da Pflanzenöle ein flüssiger Energieträger mit hoher Energiedichte sind, bedürfen sie eines geringen Lager- und Transportraumbedarfs. Zudem bieten sie aufgrund ihres hohen Flammpunktes Sicherheit bei Lagerung und Transport.
- Da Pflanzenölkraftstoffe von der Mineralölsteuer befreit sind, bieten sie zudem einen Kostenvorteil.
- Pflanzenöle werden als regenerative Energieträger in der Landwirtschaft hergestellt und schonen somit nicht nur fossile Ressourcen, sondern sind auch regional verfügbar. Erzeugung, Transport, Lagerung und Verwertung erfolgt vor Ort und damit können die Wertschöpfung und Arbeitsplätze auch in strukturschwachen Gebieten gesichert und geschaffen werden.

1.2 Die chemischen Kenngrößen

Zur Charakterisierung von Eigenschaften und chemischer Struktur von Pflanzenölen und deren Derivaten gibt es eine Vielzahl von chemischen Kenngrößen. Weiterhin ist ihre chemische Zusammensetzung bzw. ihr Gehalt an bestimmten Verbindungen wichtig für ihre Verwendung als Motorenkraftstoffe.

Hauptbestandteile der **Struktur** pflanzlicher Öle sind Triglyceride - Ester des dreiwertigen Alkohols Glycerin und in der Regel drei Fettsäuren, siehe Bild 1. In Abbauprodukten können auch eine oder zwei Fettsäuren abgespalten sein (Di- und Monoglyceride).

Neben den Glyceriden sind in pflanzlichen Ölen noch Fettbegleitstoffe, wie zum Beispiel Phospholipide, Tocopherole, Wachse oder Chlorophylle enthalten. Im Vergleich zu Rohölen, dem Ausgangsstoff für Diesel bzw. Heizöl, weisen pflanzliche Öle einen erheblichen Sauerstoffanteil auf.

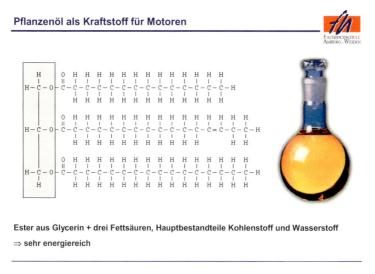

Bild 1: Chemische Struktur pflanzlicher Öle

Pflanzenöle werden aus den Samen oder Früchten von Ölpflanzen gewonnen. Pflanzliche Öle können dezentral oder zentral durch Auspressen und anschließender Aufbereitung hergestellt werden. Eine kleine Übersicht wichtiger europäischer und außereuropäischer Ölpflanzen ist in Bild 2 aufgeführt.

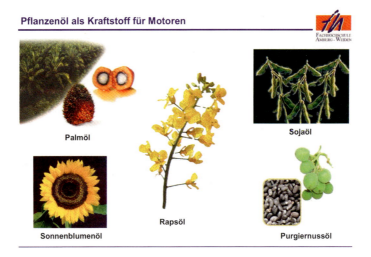

Bild 2: Übersicht der wichtigsten Ölpflanzen

2 Die Notwendigkeit der Anpassung von Verbrennungsmotoren an die Kraftstoffeigenschaften von Pflanzenölen

Pflanzenöle sind ebenso wie Dieselkraftstoff flüssige Kohlenwasserstoffe. Daher können alle Dieselmotoren grundsätzlich auch mit kaltgepressten Pflanzenölen betrieben werden. In der Praxis treten jedoch verschiedene Schwierigkeiten auf, die vor allem. in der chemischen Struktur der Pflanzenöle begründet sind und denen mit geeigneten motorischen Maßnahmen begegnet werden muss.

Aufgrund der im Vergleich zu Dieselkraftstoff wesentlich höheren mittleren Molmasse ist die Viskosität der Pflanzenöle um ein Vielfaches höher und nähert sich erst bei höheren Temperaturen der von Dieselkraftstoff an, was in Bild 3 dargestellt ist.

Dies setzt die Pumpfähigkeit der Einspritzpumpe, die Zerstäubungsqualität während des Einspritzvorgangs und damit den Brennverlauf herab. Die Filtrierbarkeit ist bereits bei noch relativ hohen Temperaturen nicht mehr gegeben. Für einen sicheren Motorbetrieb muss daher das Kraftstoff- und Einspritzsystem auf die veränderten Anforderungen angepasst werden.

Eine Verbesserung des Startverhaltens kann vor allem durch eine Veränderung der Vorglühanlage und des Einspritzsystems, sowie eventuell durch eine Erhöhung des Kompressionsverhältnisses erzielt werden.

Besonderes Augenmerk muss auf die thermische Zersetzung von Pflanzenölen schon vor Erreichen der Siedetemperatur mit der Folge der Ölkohlebildung gelegt werden. Wie bereits erwähnt, sind kaltgepresste Pflanzenöle im Gegensatz zum Dieselkraftstoff keinem Destillationsprozess unterworfen und enthalten daher auch Bestandteile, die sich vor dem Verdampfen zersetzen und Ölkohle bilden können. Diese Ölkohlebildung führt zu Ablagerungen an den Wänden des Verbrennungsraums und an den Einspritzdüsen. Vor allem bei direkteinspritzenden Motoren treten Verkokungen an den Einspritzdüsen auf, die die Kraftstoffstrahlausbreitung stark beeinträchtigen. Zudem kann es zum Feststecken der Kolbenringe und infolgedessen zum Ausfall des Motors kommen.

Weiterhin besteht beim Abstellen des Motors die Gefahr, dass das in den Einspritzdüsen befindliche Pflanzenöl diese verklebt, und so ein Starten des Motors nicht mehr möglich ist. Um dies zu vermeiden, muss der Wärmeintrag in die Einspritzdüsen minimiert werden.

Beim Betrieb mit Pflanzenölkraftstoffen kann je nach Ventil-Sitz-Werkstoffpaarung mit erhöhtem Verschleiß gerechnet werden, was sich durch den sehr geringen Schwefelgehalt der Pflanzenöle erklären lässt. Abhilfe schafft hierbei eine Änderung der Werkstoffpaarung.

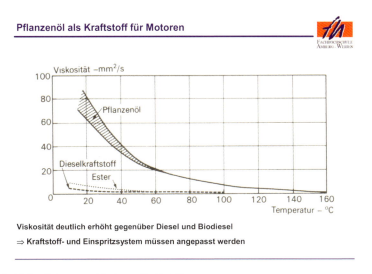

Bild 3: Die Viskositäten verschiedener Kraftstoffe

Weitere unterschiedliche physikalische Eigenschaften der biogenen Kraftstoffe im Vergleich zu Dieselkraftstoff sind in der Tabelle in Bild 4 aufgelistet. Aufgrund der höheren Dichte des Rapsöls wird der geringere massenspezifische Energieinhalt gegenüber Dieselkraftstoff beim Einspritzvorgang ausgeglichen. Es kommt zu keinem größeren Leistungsabfall.

Pflanzenöl als Kraftstoff für Motoren

	Einheit	Diesel	Rapsöl	Biodiesel
Dichte	g/cm³	0,83	0,900 - 0,930	0,875 - 0,900
Kinematische Viskosität (40°C)	mm²/s	2 - 4	< 36	3,5 - 5
Heizwert	MJ/kg	42	> 36	> 36
Flammpunkt	°C	60	> 220	> 100

Bild 4:   Physikalische Eigenschaften verschiedener Kraftstoffe

2.1   Die Qualitätsnorm für Rapsöl als Kraftstoff

Beim Einsatz von Rapsöl in dafür geeigneten Motoren ist es ebenso wie bei Dieselkraftstoff, Heizöl oder Rapsmethylester („Biodiesel") zwingend erforderlich, dass eine festgelegte und gesicherte Qualität des Kraftstoffes zugrunde gelegt wird. Ähnlich den Normen für Dieselkraftstoff EN 590, Heizöl EL DIN 51603-EL-01 und Fettsäuremethylester E DIN 51 606, wurde in den letzten Jahren eine Norm für Rapsölkraftstoff erarbeitet, die im Juni 2005 endgültig verabschiedet wurde. In der DIN V 51605 sind Grenzwerte zur Einhaltung einer zuverlässigen Qualität für Rapsölkraftstoff festgeschrieben, siehe Bild 5.

Pflanzenöl als Kraftstoff für Motoren

Qualitätsanforderungen für die Verwendung als Motorkraftstoff
seit Mai 2000 RK-Qualitätsstandard („Weihenstephaner Norm")
seit Juni 2005 DIN Vornorm 51605 für Rapsölkraftstoff

Charakteristische Parameter	Variable Parameter
Dichte (900 – 930 kg/m²)	Gesamtverschmutzung (24 mg/kg)
Flammpunkt (220°C)	Säurezahl (2,0 mg KOH / g)
Kinematische Viskosität (36 mm²/s)	Oxidationsstabilität (6,0 h)
Heizwert (36000 kJ/kg)	Phosphorgehalt (12 mg/kg)
Zündwilligkeit (39)	Aschegehalt (0,01 Gew.-%)
Koksrückstand (0,40 Gew.-%)	Wassergehalt (0,075 Gew.-%)
Iodzahl (95 – 125 g Iod / 100g)	Gehalt an Mg + Ca (20 mg/kg)
Schwefelgehalt (10 mg/kg)	

Bild 5:   Qualitätsanforderungen an Rapsölkraftstoff

3 Pflanzenöltaugliche Verbrennungsmotoren - Motorumrüstungen

Wie auch bei konventionellen Dieselmotoren werden bei Pflanzenölmotoren direkteinspritzende und indirekt einspritzende Verfahren (Vor- / Wirbelkammer) unterschieden. Kammermotoren, insbesondere solche mit großen Zylindereinheiten, sind aufgrund der starken Verwirbelung des Kraftstoff-Luft-Gemisches und der längeren Verweilzeit des Kraftstoffs in der Brennkammer meist auch ohne größere Umrüstmaßnahmen pflanzenöltauglich. Direkteinspritzende Motoren müssen in der Regel an den Kraftstoff Pflanzenöl, aufgrund dessen Eigenschaften - siehe Bild 6 - angepasst werden, bzw. werden speziell dafür entwickelt.

Bild 6: Die Notwendigkeit der Anpassung des Motors

3.1 Die Maßnahmen zur Umrüstung von Seriendieselmotoren auf den Betrieb mit kaltgepressten Pflanzenölen

Grundsätzlich lassen sich die Umrüstmaßnahmen für den Betrieb mit kaltgepressten Pflanzenölen nach Eintank- und Zweitanksystemen unterscheiden, siehe Bild 7 und Bild 8. Bei letzteren erfolgt der Startvorgang mit Dieselkraftstoff. Bei Erreichen der Betriebstemperatur wird dann auf Pflanzenöl umgeschaltet. Vor dem Abstellen des Motors wird wieder auf Diesel umgeschaltet, damit Einspritzleitungen und -düsen gespült werden und für den nächsten Startvorgang mit Diesel gefüllt sind. Ansonsten droht die Gefahr, dass sich Pflanzenölablagerungen bilden. Die Umbauten beim Zweitankprinzip betreffen meist nur die Kraftstoffperipherie, Eingriffe in die Verbrennung des Motors als solches sind nicht notwendig. Im Gegensatz dazu werden beim Eintanksystem die Motoren vollständig an die Erfordernisse von Pflanzenöl angepasst, so dass hier auch der Start- und Abstellvorgang mit Pflanzenöl erfolgen kann.

Die Umbauten an der Kraftstoffperipherie umfassen meist den Austausch nicht pflanzenöltauglicher Materialien (zum Beispiel Schläuche, Dichtungen) sowie den Einbau von Kraftstoffleitungen mit größerem Querschnitt zum Kompensieren der höheren Viskosität des Pflanzenöls. Für Kraftstoffdurchflüsse von 3 - 30 l/h haben sich dabei Rohrleitungen mit einem Innendurchmesser von 10 - 12 mm bewährt, wobei auf keinen Fall katalytisch wirksame Materialien wie Kupfer und Messing eingesetzt werden sollten. Die ausreichende Versorgung des Motors mit Kraftstoff wird üblicherweise durch eine Kraftstoffvorwärmung oder den Einbau einer stärkeren Kraftstoffförderpumpe sichergestellt. Die Kraftstoffvorwärmung kann elektrisch ausgeführt sein, oder mit einem Wärmetauscher mit dem Kühlmedium des Motors erfolgen. Auf eine Vorwärmung des Kraftstoffs im Tank sollte, sofern dabei die Raumtemperatur überschritten wird, verzichtet werden, da dies zu einer irreversiblen Voralterung des Pflanzenöls führt. Aufgrund der schlechteren Filtrierbarkeit von Pflanzenölen im Vergleich zu Dieselkraftstoff muss die Kapazität des Kraftstofffilters erhöht werden, indem der ursprüngliche Kraftstofffilter ersetzt, bzw. ein zusätzlicher Filter eingebaut wird. Weitere Umrüstmaßnahmen sind der Einbau eines zweiten Tanks und der Elemente für die Kraftstoffumschaltung beim Zweitankprinzip, sowie der Einbau einer Kraftstofferkennung bei Wechselbetankung.

Zur Verbesserung des Kaltstartverhaltens beim Eintankprinzip kann der Einbau einer Standheizung, mit der der Kraftstoff vorgewärmt wird, sinnvoll sein. Daneben kann der Kaltstart durch Modifikationen bzw. Austausch der Glühkerzen und verlängerte Vorglüh- und Nachglühzeiten verbessert werden. Dabei ist es vorteilhaft den Kraftstoffstrahl möglichst nah an die heißen Zonen der Glühkerze zu führen, so dass er leichter verdampfen kann.

Durch eine Erhöhung des Einspritzdrucks in Verbindung mit Einspritzdüsen spezieller Geometrie kann eine bessere Zerstäubung des Kraftstoffs erreicht werden. Besonders bewährt haben sich Zapfendüsen, die im Gegensatz zu Mehrlochdüsen eine geringere Verkokungsanfälligkeit aufweisen. Eine weitere Möglichkeit zur Verbesserung der Gemischaufbereitung besteht im Einsatz von Prallstiften, die den auftreffenden Kraftstoffstrahl zerteilen und damit eine intensivere Vermischung mit der Luft bewirken. Des Weiteren kann die Glühkerze in den Bereich des Einspritzstrahls so ausgerichtet werden, dass dieser direkt auftrifft und besser zerstäubt wird. Daneben können die Einspritzdüsen beheizt werden, um die Viskosität des Pflanzenöls zu verringern und den Einspritzvorgang zu optimieren. Eine Vorverlegung des Einspritzbeginns kann den Selbstzündungsvorgang verlängern, um so die bei höheren Temperaturen verdampfenden Pflanzenölmoleküle möglichst vollständig zu oxidieren. Der Leckstrom von den Einspritzdüsen kann konventionell in den Tank zurückgeführt werden (Zweistrangprinzip) oder über eine Rückführeinrichtung mit Filter und Entlüftungseinheit wieder dem Kraftstoffvorlauf beigemischt werden (Einstrangprinzip). Dies hat den Vorteil, dass das erwärmte und damit vorgealterte Pflanzenöl nicht wieder in den Tank fließt. Allerdings muss darauf geachtet werden, dass sich der Kraftstoff aufgrund der von der Einspritzpumpe eingebrachten Wärmeleistung nicht unzulässig aufheizt, vor allem wenn ein zeitweiser Betrieb mit Dieselkraftstoff gewünscht wird. Die Einspritzpumpe erweist sich in einigen Fällen als nicht geeignet für den Pflanzenölbetrieb und muss daher ausgetauscht werden.

Die Nutzung von Pflanzenöl in Diesel-Motoren

Da bei der Verbrennung von Pflanzenölen im Allgemeinen höhere Temperaturen auftreten als beim Einsatz von Dieselkraftstoff ist eine ausreichende Kühlung bzw. thermische Stabilität von Kolben und Zylinder notwendig, so dass diese unter Umständen ausgetauscht werden müssen bzw. Anpassungen des Kühlsystems nötig werden.

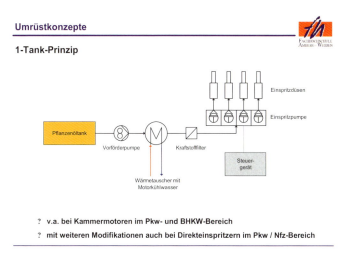

Bild 7: Umrüstung nach dem 1-Tank-Prinzip

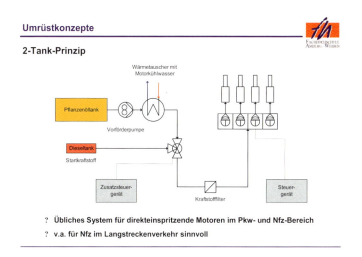

Bild 8: Umrüstung nach dem 2-Tank-Prinzip

4 Praxiserfahrungen mit Pflanzenöl

Der Betrieb von Verbrennungsmotoren mit kaltgepressten Pflanzenölen wurde bisher in zahlreichen Feldversuchen, Studien, sowie Diplom- und Doktorarbeiten untersucht. Während in den Feldversuchen hauptsächlich die technische Machbarkeit und die Alltagstauglichkeit einzelner Umrüstkonzepte im Vordergrund standen, liegt der Schwerpunkt der Studien bei Laborversuchen an Motorprüfständen bzw. Blockheizkraftwerken mit detaillierter Erfassung aller motorrelevanten Parameter. Neben dem Leistungs- und Verbrauchsverhalten sind vor allem die Dauerstandfestigkeit und das Emissionsverhalten pflanzenölbetriebener Motoren von Interesse.

Im Folgenden werden Ergebnisse aus bisher durchgeführten Praxis- und Feldversuchen kurz vorgestellt.

In Bild 9 ist das Ergebnis der Abschluss-Umfrage aus dem regOel-Projekt dargestellt. Die Auswertung zeigt, dass die Teilnehmer sehr zufrieden mit dem Betrieb mit Rapsöl sind und es nur Probleme beim Kaltstartverhalten im Winter gibt.

Bild 9: Umfrageergebnis aus dem regOel-Projekt

4.1 Kaltstartverhalten und Wintertauglichkeit

Das Kaltstartverhalten und die Wintertauglichkeit von pflanzenöltauglichen Motoren sind nur im Zusammenhang mit Eintanksystemen von Interesse. Bei Zweitanksystemen erfolgt der Startvorgang mit Dieselkraftstoff und die Umschaltung auf Pflanzenöl findet erst bei betriebswarmem Motor statt, so dass hier keine Einbußen bei der Wintertauglichkeit zu erwarten sind.

Kaltstartprobleme im Pflanzenölbetrieb ergeben sich aus einer mangelnden Kraftstoffversorgung des Motors bzw. einer mangelnden Zerstäubung des Kraftstoffstrahls, so dass keine Selbstzündung erfolgen kann. Neben einem eventuell zu geringen Arbeitsdruck der Einspritzpumpe ist vor allem die hohe Viskosität von Pflanzenölen bei niedrigen Temperaturen Auslöser für die Kaltstartprobleme.

Durch geeignete Umrüstmaßnahmen, zum Beispiel Standheizungen oder Kraftstoffvorwärmungen, kann auch bei Eintanksystemen eine ausreichende Wintertauglichkeit erreicht werden. Die Teilnehmer des Flottenversuchs beurteilten die Wintertauglichkeit und das Kaltstartverhalten ihrer umgerüsteten Fahrzeuge überwiegend als gut bzw. zufrieden stellend.

Um das Pflanzenöl auch nach längerer Standzeit des Fahrzeugs bei unter -5 °C noch fördern zu können, ist daher eine Beimischung von ca. 5 - 10 Vol-% Winterdiesel empfehlenswert, wie es im Versuchszeitraum auch praktiziert wurde, siehe Bild 10. Speziell im Winter kann es aufgrund des höheren elektrischen Energieverbrauchs von Pflanzenölfahrzeugen (zum Beispiel für elektrische Kraftstoffheizungen oder längere Vorglühzeiten) zu Batterieentladungen kommen. Der Einbau einer größeren Batterie bzw. Lichtmaschine ist daher sinnvoll.

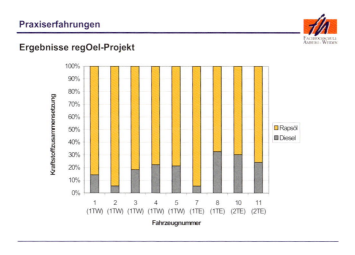

Bild 10: Die Zusammensetzung des Kraftstoffs im Untersuchungszeitraum

4.2 Die Motorleistung

Drehmoment und Leistung sind im Pflanzenölbetrieb gegenüber dem Dieselbetrieb vergleichbar oder nach bisherigen Studien um bis zu 20 % geringer. Bei Untersuchungen im Flottenversuch kam es bei einigen Motoren zu leichten Leistungseinbußen, bei anderen zu geringfügigen Leistungssteigerungen. Eine Verringerung der Leistung um mehr als 10 % trat nur in sehr wenigen Fällen auf. Innerhalb der ersten 1.600 Betriebsstunden wurde keine nennenswerte Veränderung des Leistungsvermögens festgestellt. In Bild 11 sind die Ergebnisse von Leistungsmessungen bei vier Fahrzeugen dargestellt.

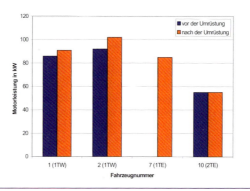

Bild 11: Ergebnisse von Leistungsmessungen im Versuchszeitraum

4.3 Pflanzenölbedingte Störungen und Schäden

Pflanzenölbedingte Störungen und Schäden an Motoren ergeben sich meist aus der im Vergleich zu Dieselkraftstoff höheren Viskosität, dem unterschiedlichen Siedeverhalten und der Neigung zur Verharzung und Bildung von Ablagerungen. Neben Störungen bei der Kraftstoffzufuhr und im Einspritzsystem zählen Schmieröleindickungen und Motorüberhitzungen zu den wichtigsten Ausfallursachen pflanzenölbetriebener Motoren.

Speziell an den Pflanzenölbetrieb angepasste Motoren sind im Vergleich zu pflanzenölbetriebenen konventionellen Motoren in der Regel seltener von Motorschäden betroffen und weisen eine höhere Dauerstandfestigkeit auf.

So führte der Rapsölbetrieb bei konventionellen Wirbelkammer- und direkteinspritzenden Motoren im Rahmen einer Studie bereits nach 155 bzw. 255 Betriebsstunden zu Motorausfällen aufgrund von Fressschäden und feststeckenden Kolbenringen. Lediglich zwei Nfz-Kammermotoren mit großen Zylindereinheiten beendeten den Dauerversuch von 600 Stunden programmgemäß.

Im Gegensatz dazu kam es bei den im Rahmen des bayerischen Flottenversuchs umgerüsteten Kammer- und TDI-Motoren auch bei Fahrleistungen von durchschnittlich 30.000 Kilometern und mehr, nur bei etwa 5 % der Fahrzeuge zu schwerwiegenden Motorschäden.

In Bild 12 und Bild 13 sind Bilder von Schäden und Störungen beim Betrieb von nicht angepassten Motoren mit Rapsöl bzw. bei Rapsöl-Diesel-Mischungen ohne Umrüstung des Motors dargestellt.

Die Nutzung von Pflanzenöl in Diesel-Motoren

Praxiserfahrungen

Schäden im Rapsölbetrieb bei nicht angepassten Motoren

Quelle: Richter, H., Korte, V.: Experimentelle Untersuchung zur Nutzung von Pflanzenölen in Dieselmotoren

Bild 12:   Schäden beim Betrieb von nicht angepassten Motoren

Praxiserfahrungen

Schäden bei Rapsöl-Diesel-Mischbetrieb (50/50) ohne Umrüstung

Quelle: Maurer, K.: Motorprüflauf mit Rapsöl-Diesel-Mischungen, Universität Hohenheim 2003

Bild 13:   Schäden bei Mischbetrieb ohne Umrüstung

5 Zusammenfassung

Neben dem Einsatz spezieller Pflanzenölmotoren bzw. geeigneter Umrüstmaßnahmen, wie vorher beschrieben, ist vor allem eine ausreichende Pflanzenölqualität unabdingbar für die Vermeidung pflanzenölbedingter Schäden, wie die Praxiserfahrungen belegen.

In Bild 14 und Bild 15 sind abschließend die Erfahrungen und Risiken des Betriebs von Motoren mit Rapsöl zusammengefasst.

Praxiserfahrungen

Fachhochschule Amberg - Weiden

Risiken beim Rapsölbetrieb

Mangelnde Pflanzenölqualität	
hohe Gesamtverschmutzung	⇒ Schäden / erhöhte Wartung an Kraftstoff- und Einspritzsystem
Verschnitt von Rapsöl mit Sojaöl	⇒ mangelnde Winterfestigkeit
erhöhter Phosphorgehalt	⇒ erhöhter Verschleiß / Katalysatorschädigung
Kraftstoffeintrag ins Schmieröl	
Verkürzung Ölwechselintervalle	⇒ erhöhte Wartungskosten
Polymerisation von Pflanzenöl	⇒ Schmierölverdickung / Motorschäden
Verkokungen / Ablagerungsbildung	
Verkokungen an Ventilen	⇒ hängende / undichte Ventile
Verkokungen an Einspritzdüsen	⇒ schlechte Zerstäubung / Verbrennung
Verkokungen an Kolbenringnuten	⇒ Kolbenringschäden / Kolbenklemmer

Bild 14: Risiken beim Rapsölbetrieb

Zusammenfassung

Fachhochschule Amberg - Weiden

Pflanzenölqualität

- **entscheidend für einen sicheren und zuverlässigen Motorbetrieb**
- **Vornorm DIN 51605 sollte unbedingt eingehalten werden**
- **bisherige Untersuchungen beschränken sich in erster Linie auf Rapsöl**

Umrüstung / Praxiserfahrungen

- **im Nfz-Bereich meist 2-Tank-Lösung**
- **Schmierölintervall muss in der Regel verkürzt werden**
- **Rapsöl-Diesel-Mischbetrieb ohne Umrüstung nicht empfehlenswert**
- **Schwachlast- / Kurzstreckenbetrieb nicht empfehlenswert**

Wirtschaftlichkeit

- **bei derzeitigen Rapsölpreisen und geplanter Energiesteuer schwierig darstellbar**
- **stark abhängig von Fahrleistung und Verbrauch**

Bild 15: Ergebnisse aus mehreren Praxisversuchen

Martin Faulstich, Stephan Prechtl [Hrsg.]

Verfahren & Werkstoffe für die Energietechnik: Band 3

Biomasse, Biogas, Biotreibstoffe… Fragen & Antworten

Welche Ziele verfolgt die bayerische Energiepolitik?

Dr. Gerd v. Laffert

Bayer. Staatministerium für
Wirtschaft, Infrastruktur, Verkehr und Technologie
München

ATZ Entwicklungszentrum, Sulzbach-Rosenberg

Verlag Förster Druck und Service, Sulzbach-Rosenberg

Dr. Gerd v. Laffert

Thesenpapier

1. Eine **sichere, preiswerte und nachhaltige Energieversorgung** ist von zentraler Bedeutung für Wachstum, Wettbewerbfähigkeit und Beschäftigung in Deutschland. Energiepolitik ist daher integraler **Bestandteil der Wirtschaftspolitik**.

2. Anhaltend hohe Energiepreise, internationale Versorgungsrisiken und die sich verschärfende Klimaproblematik machen eine schlüssige **Gesamtkonzeption** für die deutsche Energieversorgung nötiger denn je. Es ist zu begrüßen, dass die Bundesregierung mit dem Energiegipfel die Erarbeitung eines solchen Gesamtkonzepts eingeleitet hat.

3. Um eine wettbewerbsfähige Energieversorgung dauerhaft zu gewährleisten, sind die Entwicklung und der Einsatz modernster Energietechnologien, steigende Effizienz bei Energieerzeugung, -umwandlung und -anwendung, die Durchsetzung wirksamen Wettbewerbs auf den nationalen und europäischen Energiemärkten und ein **breiter und ausgewogener Energiemix** notwendig, der die Kernenergie einschließt.

4. Bei Maßnahmen zum **Klimaschutz** ist trotz der hohen Bedeutung dieses Ziels stets eine Abwägung mit anderen wichtigen Politikzielen wie Beschäftigung und Wettbewerbsfähigkeit vorzunehmen. Maßnahmen mit **geringen CO_2-Vermeidungskosten** müssen Vorrang vor solchen mit hohen Kosten haben. Zielvorgaben für die Senkung von CO_2-Emissionen und den Ausbau erneuerbarer Energien müssen bisherigen Entwicklungen Rechnung tragen und Basiseffekte (zum Beispiel dass die Stromversorgung in Bayern bereits heute zu 80 Prozent CO_2-frei ist) berücksichtigen.

5. Angesichts einer hohen und weiter steigenden Importabhängigkeit ist eine engagierte **Energieaußenpolitik** unverzichtbar. Eine **Diversifizierung** des deutschen Energiebezugs hinsichtlich Lieferländern, Transportwegen und Energieträgern kann die Versorgungssicherheit stärken. Beispiele hierfür sind der Import von verflüssigtem Erdgas (LNG), der Bau neuer Transportleitungen von Öl und Gas oder die Erzeugung von Biomethan und Kraftstoffen aus heimischen nachwachsenden Rohstoffen.

6. Trotz der gegenwärtigen leichten Entspannung auf den Energiemärkten bleibt es eine der vordringlichsten Aufgaben der deutschen Energiepolitik, **wettbewerbsfähige Energiepreise** in Deutschland **sicherzustellen**. Wenn in Deutschland die Energiepreise zum Teil deutlich höher sind als in konkurrierenden Volkswirtschaften, gefährdet dies den Bestand von Unternehmen und Arbeitsplätzen.

7. Auf dem deutschen Strom- und Gasmarkt besteht noch kein ausreichender **Wettbewerb**. Die Regulierung der Strom- und Gasnetze durch die Bundesnetzagentur und die Landesregulierungsbehörden zeigt aber erste Erfolge. Bleibt wirksamer Wettbewerb auf Dauer aus, sind weitergehende Maßnahmen zu prüfen und gegebenenfalls umzusetzen. Zur Verstärkung des Anbieterwettbewerbs sind der deutsche Kraftwerkspark und die grenzüberschreitenden Leitungskapazitäten auszubauen. Die Strombörse und der europäische Energiebinnenmarkt sind zu stärken.

8. Der hohe **staatlich verursachte Anteil** an den Energiepreisen darf nicht weiter steigen, sondern muss nach Möglichkeit reduziert werden. Dies betrifft nicht nur Energiesteuern und -abgaben, sondern auch Umlagefinanzierungssysteme, die die Energiepreise belasten. Die im Koalitionsvertrag vereinbarte Überprüfung und Anpassung des Erneuerbare-Energien-Gesetzes (EEG) muss zu einer stärkeren Begrenzung der EEG-bedingten Strompreisbelastung für alle Verbraucher führen. Neue Instrumente zur Förderung Erneuerbarer Energien im Wärmemarkt sind nur unter der Voraussetzung vertretbar, dass sie die Energiekosten nicht weiter erhöhen und nicht mit neuer Bürokratie verbunden sind.

9. Am System des **CO_2-Emissionshandels** sind grundlegende Korrekturen vorzunehmen, um die daraus resultierenden Belastungen der deutschen Stromverbraucher zu reduzieren, windfall profits der Stromerzeuger zu vermeiden, einseitige Benachteiligungen deutscher Unternehmen zu beseitigen und das Zuteilungssystem transparenter und unbürokratischer zu gestalten.

10. **Energieeinsparung und rationeller Energieeinsatz** sind in vielen Bereichen der effizienteste Weg, um die energie- und klimapolitischen Ziele zu erreichen. Mit einer technologieoffenen, marktwirtschaftlichen Strategie sind vorhandene Einsparmöglichkeiten zu mobilisieren und Innovationen für mehr Energieeffizienz voranzutreiben. Besonders große Einsparpotentiale liegen im **Gebäudebereich** und im **Verkehrssektor**.

11. Die Nutzung **Erneuerbarer Energien** in Deutschland ist weiter auszubauen. Allerdings ist das derzeitige Förderinstrumentarium für Erneuerbare Energien stärker als bisher am Ziel zu orientieren, sie möglichst rasch zur Wettbewerbsfähigkeit zu führen; dabei sollten Forschungs- und Innovationsförderung Vorrang haben. Besondere Ausbauchancen in Bayern bestehen für die als Wärme und Kraftstoff und zur Stromerzeugung gleichermaßen geeignete Biomasse. Auch bei der Wasserkraft sind verbleibende Ausbaupotentiale zu nutzen.

12. **Energieforschung** ist ein entscheidender Schlüssel für eine effiziente und nachhaltige Energieversorgung. Notwendig sind eine neu ausgerichtete, für alle Energietechnologien offene und finanziell verstärkte Energieforschung des Bundes sowie eine personelle und finanzielle Beteiligung Deutschlands an wichtigen europäischen und internationalen Energieforschungsvorhaben.

13. Die **Kernenergie** trägt wesentlich zu einer sicheren, kostengünstigen und umweltverträglichen Stromproduktion am Standort bei. Ein wirtschaftlich und technisch gleichwertiger und zugleich CO_2-neutraler Ersatz der Kernenergie durch andere Arten der Stromerzeugung ist auf absehbare Zeit nicht möglich. Ein Wegfall der preisgünstigen Stromerzeugung aus Kernenergie in Deutschland würde zu einer deutlichen Preissteigerung auf dem europäischen Strommarkt führen. Deshalb muss die politisch motivierte Abschaltung von Kernkraftwerken in den nächsten Jahren vermieden werden. Die Lösung der Endlagerfrage muss zügig, sach- und ergebnisorientiert angegangen werden. Dazu gehört, die ergebnisoffene Erkundung des Salzstocks Gorleben fortzusetzen.

14. Deutschland braucht auch in Zukunft eine **verbrauchsnahe** und bedarfsgerechte **Stromerzeugung**. Aufgrund mangelnder Anreize für eine verbrauchsnahe Kraftwerksallokation sind Kraftwerksneubauten vor allem im Rhein-Ruhr-Gebiet und in der Küstenregion geplant. Der forcierte Windkraftausbau und die vorgesehene Abschaltung der Kernkraftwerke verstärken die Entwicklung hin zu einer Konzentration der Stromerzeugung im Norden und Westen Deutschlands. Daraus resultieren nicht nur Risiken für die Netzstabilität, sondern auch konkrete Standortnachteile für Süddeutschland durch Versorgungsengpässe und höhere Strompreise. Um dies zu verhindern, müssen geeignete Anreize für Kraftwerksinvestitionen nahe den Verbrauchsschwerpunkten geschaffen, der Ausbau der Windkraft gebremst und die weitere Nutzung der Kernenergie ermöglicht werden.

15. Die Bayerische Staatsregierung begrüßt, dass die EU-Kommission mit ihrem „Energiepaket" intensive und offene energiepolitische Diskussion zur Bewältigung der bestehenden und zukünftigen Herausforderungen für die europäische Energieversorgung angestoßen hat. Diese Diskussion ist fortzusetzen und die **europäische Energiepolitik** sachgerecht weiter zu entwickeln.

16. Wichtige Handlungsfelder der europäischen Energiepolitik sind die gemeinsame Interessenwahrnehmung gegenüber Drittstaaten, die Initiierung von Forschungs- und Entwicklungsprojekten in der Energietechnik, die die Möglichkeiten einzelner Mitgliedstaaten übersteigen würden, und vor allem die konsequente Durchsetzung eines offenen und wettbewerbsorientierten **Energiebinnenmarktes**. Dazu gehören der Ausbau der grenzüberschreitenden Energieleitungen, die Beseitigung von Handelshemmnissen und Wettbewerbsverzerrungen und eine Harmonisierung nationaler Rahmenbedingungen, Standards und Regeln. Die europäische Energiepolitik muss jedoch den Mitgliedstaaten einen ausreichenden energiepolitischen Gestaltungsspielraum belassen und darf nicht zum Aufbau neuer Bürokratie führen. Es bestehen erhebliche **Zweifel**, ob eine **eigentumsrechtliche Entflechtung** der Energieunternehmen verfassungsrechtlich zulässig wäre und zum gewünschten Ziel führen würde.

Autoren

Dipl.-Ing. Diana Baumgärtner
Bayerische Elektrizitätswerke GmbH
Schaezlerstraße 3
86150 Augsburg
Tel.: 0821 328-4161
Fax: 0821 328-4160
E-Mail: diana.baumgärtner@lew.de

Dr. Peter Biedenkopf
Tyczka GmbH & Co. KGaA
Blumenstraße 5
82538 Geretsried
Tel.: 08171 627-0
Fax: 08171 627-100
E-Mail: peter.biedenkopf@tyczka.de

Prof. Dr.-Ing. Markus Brautsch
Fachhochschule Amberg-Weiden
Kaiser-Wilhelm-Ring 21
92224 Amberg
Tel.: 09621 482-228
Fax: 09621 482-145
E-Mail: m.brautsch@fh-amberg-weiden.de

Dr.-Ing. Udo Dinglreiter
R. Scheuchl GmbH
Königbacher Straße 17
94496 Ortenburg
Tel.: 08542 165-0
Fax: 08542 165-33
E-Mail: dinglreiter@scheuchl.de

Autoren

Prof. Dr.-Ing. Martin Faulstich
Sachverständigenrat für Umweltfragen
Reichpietschufer 60
10785 Berlin
Tel.: 030 263696-104
Fax: 030 263696-109
E-Mail: sru-info@uba.de

M.Sc. Kathrin Greiff
Lehrstuhl für Rohstoff- und Energietechnologie
Weihenstephaner Steig 22
85350 Freising
Tel.: 08161 71-5633
Fax: 08161 71-4415
E-Mail: kathrin.greiff@wzw.tum.de

Dipl.-Ing. Fritz Grimm
Grimm GmbH & Co. KG
Bäumlstraße 26
92224 Amberg
Tel.: 09621 9601-0
Fax: 09621 9601-20
E-Mail: grimm.amberg@t-online.de

Dipl.-Kfm. Klaus Hildebrand
Premicon AG
Einsteinstraße 3
81675 München
Tel.: 089 457470-0
Fax: 089 457470-10
E-Mail: klaus.hildebrand@premicon.de

Dipl.-Phys, Wilhelm Hiller
Bayerische Elektrizitätswerke GmbH
Schaezlerstraße 3
86150 Augsburg
Tel.: 0821 328-4150
Fax: 0821 328-4160
E-Mail: wilhelm.hiller@lew.de

Dr. Andreas Hornung

Forschungszentrum Karlsruhe
Bereich Thermische Abfallbehandlung
Hermann-von-Helmholtz-Platz 1
76344 Eggenstein-Leopoldshafen
Tel.: 07247 8261-38
Fax: 07247 8243-73
E-Mail: andreas.hornung@itc-tab.fzk.de

RA Dietrich Klein

Landwirtschaftliche Biokraftstoffe e.V. (LAB)
Claire-Waldoff-Straße 7
10117 Berlin
Tel.: 030 31904-232
Fax: 030 31904-11207
E-Mail: klein@lab-biokraftstoffe.de

Prof. Dr.-Ing. Thomas Kolb

Forschungszentrum Karlsruhe
Bereich Thermische Abfallbehandlung
Hermann-von-Helmholtz-Platz 1
76344 Eggenstein-Leopoldshafen
Tel.: 07247 82-4382
Fax: 07247 82-4373
E-Mail: thomas.kolb@itc-tab.fzk.de

Dr. Dieter Korz

RosRoca International S.L.
Plochinger Straße 3
73730 Esslingen
Tel.: 0711 310599-71
Fax: 0711 310599-79
E-Mail: korz@rosroca.de

MR Dr. Gerd von Laffert

Bayer. Staatsministerium für Wirtschaft, Infrastruktur, Verkehr und Technologie
Prinzregentenstraße 28
80538 München
Tel.: 089 2162-0
Fax: 089 2162-2760
E-Mail: gerd.vonlaffert@stmwivt.bayern.de

Autoren

Dipl.-Ing. Anton Mederle
Thöni Industriebetriebe GmbH
Obermarktstraße 48
6410 Telfs
Österreich
Tel.: 0043 5262 69030
Fax: 0043 5262 6903510
E-Mail: anton.mederle@thoeni.com

Dr. Stephan Prechtl
ATZ Entwicklungszentrum
An der Maxhütte 1
92237 Sulzbach-Rosenberg
Tel.: 09661 908-431
Fax: 09661 908-469
E-Mail: prechtl@atz.de

Dr. Helmar Prestele
Technologie und Förderzentrum TFZ
Schulgasse 18
94315 Straubing
Tel.: 09421 300-210
Fax: 09421 300-211
E-Mail: helmar.prestele@tfz.bayern.de

LRD Dr. Michael Rössert
Bayer. Landesamt für Umwelt
Abt. 2, Ref. 21: Luftreinhaltung bei Anlagen
Bürgermeister-Ulrich-Straße 160
86179 Augsburg
Tel.: 0821 9071-0
Fax: 0821 9071-5556
E-Mail: michael.roessert@lfu.bayern.de

Dr.-Ing. Ottomar Rühl
Kompostwerk Göttingen GmbH
Königsbühl 98
37079 Göttingen
Tel.: 0551 50382-0
Fax: 0551 50382-18
E-Mail: kompostwerk@goettingen.de

Dr.-Ing. Rainer Scholz
ATZ Entwicklungszentrum
An der Maxhütte 1
92237 Sulzbach-Rosenberg
Tel.:   09661 908-418
Fax: 09661 908-469
E-Mail: scholz@atz.de

Prof. Dr.-Ing. Helmut Seifert
Forschungszentrum Karlsruhe
Bereich Thermische Abfallbehandlung
Hermann-von-Helmholtz-Platz 1
76344 Eggenstein-Leopoldshafen
Tel.:   07247 82-2655
Fax: 07247 82-4373
E-Mail: helmut.seifert@itc-tab.fzk.de

Prof. Dr. Jürgen Zeddies
Universität Hohenheim
Fakultät Agrarwissenschaften
Schwerzstraße (Torbogen 3)
70593 Stuttgart
Tel.:   0711 459-25566
Fax: 0711 459-23709
E-Mail: i410b@uni-hohenheim.de